U0626097

高能量女性

High Energy Women

Embrace Marriage, Wealth and Love

陈逸馨 · 著

北京联合出版公司
Beijing United Publishing Co., Ltd.

图书在版编目（CIP）数据

高能量女性：拥抱婚姻、财富与爱 / 陈逸馨著.
北京：北京联合出版公司，2024. 11. -- ISBN 978-7
-5596-7960-4

Ⅰ. B848.4-49

中国国家版本馆CIP数据核字第20247WD143号

高能量女性：拥抱婚姻、财富与爱

作　　者：陈逸馨
出 品 人：赵红仕
责任编辑：刘　恒

北京联合出版公司出版
（北京市西城区德外大街 83 号楼 9 层　100088）
河北鹏润印刷有限公司印刷　新华书店经销
字数 176 千字　880 毫米 × 1230 毫米　1/32　印张 8
2024 年 11 月第 1 版　2024 年 11 月第 1 次印刷
ISBN 978-7-5596-7960-4
定价：68.00 元

版权所有，侵权必究
未经书面许可，不得以任何方式转载、复制、翻印本书部分或全部内容。
如发现图书质量问题，可联系调换。质量投诉电话：010-82069336

现代女性的成长与觉醒

在当今的社会浪潮中，女性的角色不断被重新定义和解构。从传统家庭主妇到职场女强人，从温柔的陪伴者到独立的决策者，女性在各个领域都展现出了前所未有的活力与创造力。然而，在纷繁复杂的外部环境和自我追求的双重压力下，现代女性面临着更多内在挑战和成长需求。今天的女性，不仅希望在职场和家庭中实现价值，更希望在身心灵层面达到平衡和充盈。此时，《高能量女性》一书应运而生，为女性提供了极具实效的指导，引领她们走向自我觉醒与内心丰盈之路。

21世纪对于女性而言是机遇与挑战并存的时代。女性在经济、政治、文化等多个领域的表现越来越受到关注，然而，也承受着巨大的期望与压力。根据《赫芬顿邮报》的一项调查，70%以上的职业女性曾有过不同程度的心理压力和自我怀疑。许多女性在追求事业成就的同时，往往会感到精力透支和情绪低落。这一现象揭示了一个现实：现代女性不仅需要在外部世界有所作为，还需在自我世界中找到内在的支持与力量。

心理学家卡尔·荣格（Carl Jung）提出了"个体化"的概念，认为每个人的一生都在努力实现自我整合和完善，而现代女性的成长也是如此。女性的成长，不仅在于物质层面的成功和外在的成就，更在于如何找到自己内在的能量源泉，从而能够从容应对生活的起伏。这种成长，不再是外界赋予的，而是源自内在的觉醒与蜕变。

在这样的背景下，《高能量女性》一书犹如一缕温暖的阳光，为每一位渴望成长和蜕变的女性指引方向。书中不仅探讨了女性如何在职场、家庭和社交中实现平衡，还着眼于如何在精神和心理层面上获得持久的能量支持。作者通过翔实的案例分析和科学理论的引入，为现代女性提供了系统的自我提升方法，帮助她们更好地理解自我、管理情绪、增强韧性。

本书特别关注了女性的"高能量状态"这一核心概念，正如荣格所言，"我们必须不断成长，以避免被自己的潜意识拖入混乱之中"。高能量不仅是体力上的充沛，更是一种精神上的饱满和情绪上的稳定。这种状态不仅能帮助女性提升抗压能力，还能让她们在人际关系中更加自信和从容。

《高能量女性》这本书的价值也正是针对这个核心概念帮助女性找到自我实现的路径，不仅实现物质上的满足，更在精神上获得满足感和成就感。在作者的引导下，女性能够更深入地了解自己，通过内在成长拿回生命的主动权，过上高配的人生。

《高能量女性》不仅是一本工具书，更是一本心灵成长的引路书。希望每一位阅读此书的女性，能够在书中内容的指引下，走向内在力量的觉醒。正如法国哲学家西蒙娜·德·波伏娃

（Simone de Beauvoir）所言，"女人不是天生的，而是成为的"。愿《高能量女性》为每一位追求成长的女性带来启发，让她们在自我提升的路上，不断焕发出属于她们的光彩。

——"爱与疗愈"创办人　施威

女性力量的觉醒与绽放

在当今社会，女性的角色日益多元，她们不仅是职场的精英、家庭的支柱，更是自我实现的探索者。然而，如何在现代生活的重压下，平衡事业、家庭与个人成长，是许多女性面临的共同难题。《高能量女性》正是为了解决这一困惑而生的。

在这本书中，作者陈逸馨以她敏锐的观察力和丰富的生活阅历，深刻揭示了现代女性在婚姻、财富和爱的领域中，如何释放自己的内在潜力。书中的每一个章节都为我们勾勒出一幅"高能量女性"的肖像——她们不仅拥有坚定的目标，还懂得如何平衡外在成就与内在和谐，真正做到了在多重角色间游刃有余。

《高能量女性》不是一本简单的成功学指南，而是一本帮助女性全面提升自我能量的自救指南。书中的每一个实操方法、每一个情感故事，都充满了真诚的启发性。它提醒我们，作为女性，要敢于追求自我价值，要学会利用智慧解决现实中的种种困境。

阅读这本书，你会感受到一种温暖的力量，它来自女性内在的韧性和对生命的深刻理解。它不仅告诉你如何找到内心的平衡，更激励你走向更高维度的人生。书中的每一句话都是对女性勇气与智慧的致敬，每一个建议都能切实帮助我们在生活中做出更好的选择。

愿每一位阅读《高能量女性》的读者，都能在其中找到属于自己的力量源泉，拥有更加充实与幸福的人生。相信这本书会成为你的良师益友，陪伴你度过人生中每一个挑战与成长的时刻。

——中国幸福学研究院院长　尚致胜

愿你美丽、富足、幸福、自由

我是博商博文书院的创始人之一，也是博商学院的创始股东之一。我现在拥有100多人的团队，我们打造的IP全网粉丝超过了4000万。同时，我打造了自己的IP，全网粉丝超过100万。而且，我现在拥有非常幸福的生活，有一个非常帅、对我又特别好的老公和一个特别好的孩子。

很多人的第一反应也许是，我一定是有得天独厚的条件，才有今天的状态。其实，我知道自己和所有人一样普通。我的学历只有中专，自考上的大专和本科。我出生在一个普通的家庭，拥有普通的相貌，我甚至因为相貌还很自卑，把单眼皮割成了双眼皮。我甚至学了一年都不会说广东话。

在加入博商前，我曾当过五年的小学老师，之后进入教育培训行业，从打电话、"扫楼"、发传单到开始做业务，后来成为业务总经理。在加入博商后，我做到了博商平台三家公司的总经理。在博商，我一直从事销售工作。2018年，我怀着两个月的身孕，创立了博文书院。

当时的我把婚姻和事业经营好后，突然就想：我的婚姻幸福、事业成功，我的人生圆满了，那么接下来还能做些什么呢？

创立博文书院以前，我接触最多的是商业教育，包括女性成长、家庭教育和传统文化，学员要么是女企业家，要么是总裁班的男企业家。

创立博文书院后，我们线上签约了《百家讲坛》的赵玉平老师、长春大学的博士生导师金海峰老师、家庭教育的火花老师、科学规划的贺岭峰老师和石头校长、性格分析的杨洋老师、进行口才演讲培训的钱永静老师、讲女性情商的杨文利老师、讲销售成交的文靖老师等。现在，这些老师的全网粉丝已经超过了4000万，我们服务的女性有17万名。

同时，在我的团队发展到了100人的规模，企业目标是1亿元的时候，我打造了自己的IP。

仕找打造IP，并不断接触更多女性后，我才发现，原来有这么多女人不了解女性成长，她们没有经营好自己的婚姻、培养好孩子，甚至迷失了自我。

我一直遵循人生的一个信条：人要惜福。"爱出者爱返，福往者福来。"所以，我发了一个愿：在我40岁到50岁的时候，通过自己的努力，让更多女性修心、开悟、宜家、立业。

《大学》说格物、致知、诚意、正心，修身、齐家、治国、平天下。那么，什么是"修心、开悟、宜家、立业"呢？"修心"就是正心、正念，心正了，身体和心灵也就好了。"开悟"就是女性有更多的智慧来处理人际关系，包括家庭关系和事业关系。其实，心正了，你就有智慧了。"宜家"就是女性要把家庭经营好。一个女人如果自始至终没有放弃自己的事业，或者有一件自己的事情在做，她就不会在亲密关系中给对方带来控制感和压抑感。一个女人有自己的价值感，她也容易被别人认可。"立业"就是有事做、能赚钱。一个女人能做到这四点，才有机会帮助更多的人。

用通俗的话说，我希望女性通过跟着我学习，或者通过我们的分享，能够变得美丽、富足、幸福、自由。

所以，2023 年 7 月，我建立了全网首家以国学为主题的女性成长俱乐部。我期望在十年之内，以我为中心带领团队，服务 100 万人的女性群体，利用网络的大趋势，让更多女性因为博文书院的存在，因为我陈逸馨和我们团队的努力，变得美丽、富足、幸福、自由。

因此，我想在这个时间点上出一本书，借由此书，让更多女性受益。

这本书是我以自己的亲身经历来写的，我在事业上和婚姻里都获得了好的结果。我相信在全部女性中，我应该是那前 20%幸福的人，所以我想把我处理婚姻和事业的经验，还有我们整个博文书院帮助 10 多万名女性的经验分享出来，来帮助更多女性。

我们以前做这类线下课的费用是 59800 元，可能只能在一线城市开班。那么，又有多少人有这个经济能力愿意花 59800元来听课呢？

但是，如果是一本书，每个愿意成长的女性就都有机会接触到它。

每个女人的一生，无非就是两个主题，一个是谋生，一个是谋爱。很多人谋生都知道主动去努力，但是谋爱的时候往往是被动的、索取的。很多女性进入婚姻以后，很容易抱着一种顺从的心理，"嫁鸡随鸡，嫁狗随狗"。在婚姻里抱着这种心理，会活得很被动，活不出自我。

所以，我把婚姻和女性的价值感结合了起来。如果一个女人有价值，她在婚姻中才会更加独立。如果婚姻幸福，她才会更有价值感。

我想对每一位女性说："你的人生不光有孩子和老公，你才是人生的主角。只要不断地学习、成长、努力，你就可以有幸福的生活和成功的事业。"

亲爱的姐妹们，加油吧！

陈逸馨

2023 年 10 月 16 日

目录

第1章
走出舒适区，遇见新自己

第 **2** 章
情绪自由，才是一个人最高级的自由

第 **3** 章
实现目标，你的时间够用吗

第 **4** 章
如何做到家庭与事业的平衡

第5章
如何解决婚姻中的冲突

第6章
学会在婚姻中爱自己

第**7**章
如何在婚姻中正确沟通

第**8**章
身为女性，如何实现财富自由

第 1 章

走出舒适区，
遇见新自己

———

走出舒适区，活出自己

我在博文书院开展女性课程的时候，认识和了解了许多女性朋友，她们中的很多人都有着情感或事业的困惑。而引起这些困惑的首要原因，就是她们无法走出自己的舒适区。

为什么要走出舒适区

很多女性都想取得事业与家庭的双成功，却两件事情都没有做好，这是为什么？因为她们故步自封，没有走出自己的舒适区。其实，只有走出自己的舒适区，才能活出新的自己。有一句话我很认同："昨天太舒服，今天就会走下坡路。"有时候，过度休息会比过度工作更让人萎靡不振。我们觉得自己是在躺平、在享受，但当我们躺平很舒服的时候，其实已经在走下坡路了。过度躺平和休息，而不去努力工作，会形成恶性循环。逃避没有用，只能让人更加焦虑。焦虑的时候，我们会时刻担忧，总会出现负面情绪，这样下去永远都走不出舒适区。

为什么难以走出舒适区

一个人要想走出舒适区，活出自己，首先需要做到三个字：去行动。越追求安全，其实越不安全；现在越舒服，将来越不舒服。人们感到舒服和安逸后，往往就不愿意冒险了。在心理学上，舒适区指的是一个人在熟悉、安全、可控的环境中所处的状态。在这种状态下，人们感到舒适和安逸，往往会倾向于保持现状，不愿意去冒险或尝试新的事物。因此，舒适区也被称为"安全区"或"惯性区"。

女性跟男性不一样，男性天生更理性、更有冲劲，因为男人赚钱和成功的欲望可能是女人的很多倍。男人往往很专注，他们骨子里是愿意冒险、愿意尝试新事物的。而很多女人总是停留在自己的想象中，总能想象冒险时出现很大的障碍，因而不敢冒险，这样就很难走出舒适区。我经常对女性进行调查，发现很多女性的婚姻都处在"过不好，离不了"的阶段。这些女性在婚姻中不与伴侣沟通，两个人对彼此都很冷漠。她们可能这样忍了一年、三年、五年、十年，甚至三十年。她们的状态是：过不好，离不了，想不开，放不下，不服气。她们为什么还能忍？为什么不去突破？为什么不离婚？为什么不和伴侣正面沟通？原因是，她们一直处在舒适区。她们可能已经忍了好几年，却缺乏自信、充满恐惧：害怕跟伴侣沟通也解决不了问题，害怕离婚之后自己一个人无法过下去，害怕离婚后身边的朋友嘲笑自己。

如何走出舒适区

怎样走出舒适区？信念要足够坚定，这样很快就能活出新的自己。给自己定位："我是一个事业与家庭都成功的女人。"有了目标后，你什么都不要想，只想这个目标，想怎样做才能达到目标。接下来就是学习，学习怎样赚钱、怎样养育孩子、怎样让老公满足自己的需求。如果你不断学习，你的认知会提高，你就不再是井底之蛙了。

以我自己为例，我以前是可以不坐班的，也可以不做短视频。我之前的工作节奏是，每个月只开五次会议：每个星期开一次高层管理会议，每个月与院长开一次绩效访谈会议。在这五次会议以外，我可以不坐班，工作很清闲。那么，我为什么还来坐班，还要做短视频呢？我不坐班，确实很舒适，但是我想，如果在人生的尽头，我发现有很多事情还没有尝试过，我会觉得自己的人生荒废了。我学到的知识，如果没有讲出来，让更多女性受益，我会觉得自己过得不够有意义。整整纠结了 2 个月，我才决定做短视频。在这个过程中，我也会害怕、会忐忑。后来，我不再担心，因为认识我的人，只有我们线下课程的几千位学员，我可以不那么在意会不会丢脸。我用了 6 个月的时间，终于打破了其他老师直播间的在线人数纪录。这就是坚信、坚持的力量。当定下一个目标去努力学习的时候，你会忘记害怕。因为你有一个目标、一个梦想，你的梦想大于一切，你的使命感大于一切。

我在帮助了粉丝中成百上千个女性之后，总结了关于如何走出舒适区，活出自己的五个锦囊。

立志发愿

我在 40 岁的时候，发了一个愿：让更多的女人修心、开悟、宜家、立业。什么是发愿？为什么要提倡发愿？"我希望天下的人都幸福"，这是祈福。发愿是，希望通过自己的努力，实现什么样的目标，或能为别人做些什么。

一定要有愿望，也就是目标。接下来，就要为这个目标而努力。比如，让自己成为会赚钱的女人，让自己成为很有耐心的、情绪平稳的妈妈。如果没有目标，你会很容易迷失自己。我现在坚持每天下午做直播。有时候我会想，自己为什么要做短视频、做直播？为什么要这么辛苦？但是一转念，我会想起自己有一个愿望——要服务更多女性，让更多女性修心、开悟、宜家、立业。每当想到这个愿望时，我的焦虑、抱怨立即就消失了。发愿，能让人不忘初心。它可以让我们在人生最困难、最焦虑、抱怨最多的时候，给自己一个坚持的理由。

提升自信

要找到自己过往有成就感的事情，以此来增加自信心。很多女性不能走出舒适区，就是因为很害怕自己做不好、不成功。她们缺乏自信："我何德何能，能够事业和家庭双成功？"缺乏自信，就要找一些有成就感的事情。想一想："我是怎样考上大学的？""我是怎样赢得别人的信任的？""我是怎样创业成功的？""我是怎样找到一个好老公的？"要找到自己过去的那些高光时刻。否则，没有信心，即使有了愿望，也还是缺乏能动性。

我在做短视频的时候，就在想："凭什么我做不成？我的团队这么专业，能把别的老师打造成功，为什么我做不起来？"然后，我又想我的过去："我这样一个从农村出来的穷孩子，能考上师范大学。""我这么一个普通的老师，能够成为公司的总经理。""我作为三家分公司的总经理，能带领团队刷新整个公司的业务纪录。"于是，我有了信心："过去，我有那么多高光时刻。现在，我也一定可以成功。"基于我的目标和一些高光时刻，我的信心就增强了。所以，建议你也找一找自己的高光时刻，帮助自己树立信心，走出舒适区。

自我暗示

摒弃那些表达"不要"的语言，别经常说"我不要""我不行""我不能""我不可以""我没有资格"。当你说这些话时，这种负面的思想会不断地"腐蚀"你，成为你的心灵毒药。当你做一件事情，想走出舒适区时，要经常说一些肯定性的语言，表达你"想要"的语言。比如，我经常暗示自己，"我健康""我快乐""我幸福""我幸运""我懂得感恩""我能够创造更多的价值"。在遇到困难时，我首先想到的是"怎么办"。"怎么办"能够开启一个人的能量场，激发其面对问题、解决问题的能力。一定不要说"我不行"，而要说"怎么办"。这个时候，你要想自己需要做什么，有什么样的资源能够帮你达到目标，实现你的梦想。

及时奖励

当你完成一个小任务或者有一点小进步的时候，要记得及时奖励自己。因为奖励自己，你会有成就感。在人生中，所有大的成就都是由小成就积累而成的。只有不断奖励自己，我们才能不断进步。

我之所以有今天的成就，是因为我用了 20 年时间积累自己的实力。工作的前 5 年，我是小学老师，这 5 年为我后来的发展奠定了基础。因为那时我每天要站在讲台上讲 7 小时的课，带小学一年级的两个班，每个班都有 60 个孩子。这锻炼了我的语言表达能力和组织能力。在之后的职业生涯中，每一次突破都为我积累了经验和能力。人生中每走过一段路，每成长一次，每完成一次任务，我都奖励自己。例如，我喜欢美食，就会在工作完成之后用食物来及时奖励自己。

你喜欢什么，就用什么来奖励自己。不要太为难自己，不要过苦行僧的生活，因为我们是普通人，不要对自己那么苛刻。想吃就吃，想穿就穿，想玩就玩，每做成一件事情，就奖励自己一次。

量化目标

如果我们的梦想很大、目标很大，就要将愿望一点点实现，不要着急，每天做好当天的事情。

我们团队有一本书——《我的人生精进手册》，书里有几个每周要达到的目标。

第一个目标，每周行一次善。看到需要帮助的人时，我们就为他提供力所能及的帮助。

第二个目标，每周与家人聚会一次。我每周都会带孩子去我婆婆家聚会。

第三个目标，每周改过一次。比如，昨天晚上，我对孩子发脾气了，当时没有控制好自己的情绪。发完脾气后，我又很后悔，所以我改过，对孩子说："妈妈有时候没有控制好自己的脾气，跟你说声'对不起'，你能原谅我吗？"他对我说："我可以原谅你，妈妈你不要伤心了。"这样改过的结果就很好。

第四个目标，每周健身一次。我总是抽时间健身，健完身后，我就很有精神，工作效率也更高。

第五个目标，每周读一本书。我大概用 30 分钟到 1 小时的时间，就可以翻完一本书。我也鼓励大家多读书，开卷有益。

很多小事，我每天都在做。它们既不耽误事业，也不影响家庭，反而会令我的事业和家庭变得更好。很多东西都是一点一滴积累起来的，人生中要不断地积累能量，最终由量变到质变，实现"小坚持，大成就"，甚至实现"小目标，大未来"。《道德经》上说："天下难事，必作于易；天下大事，必作于细。"再大的事情，都要从细节做起；再宏伟的梦想，也要一点一滴地去实现。人生不怕定目标，关键在于你有没有勇气走出舒适区，活出自己。

运用认知金字塔，开启新身份、新信念

许多名人和智者都曾强调，人与人之间的差距是由认知的差距所决定的。要想改变行动和结果，改变认知至关重要。

认知金字塔的六个层次

女性如果想突破自己，有所改变，可以运用认知金字塔来为自己开启新身份、新信念。怎样运用心理学中的金字塔认知模式，从内心深处改变人生呢？《意念力》这本书为我们提供了方法。这本书的作者是全球著名的心理学家、精神治疗师大卫·R.霍金斯博士，他以近30年的科学研究为基础，证实了意识作为一种能量具有强大的力量。经过精密的统计分析后，他发现人类各种不同的意识层次都有其相对应的能量层级。据此，他绘出了人类历史上前所未有的"意识能量层级图谱"。这在全球范围内引发了新一轮的精神意识领域的创新变革，使得我们对命运、人生、生活的掌控达到了全新的高度。真正改变你的，不是DNA，而是信念。信念决定了思维，决定了行为，决定了结果，而结果就是你的命运。

接下来，我们运用认知金字塔，给自己一个新的身份——一个正向的、有正能量的身份。

运用认知金字塔开启新身份、新信念

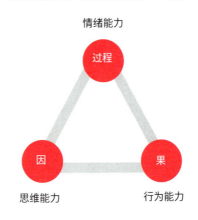

请看上图这个三角形。很多人说自己现在过得不够好：家庭不顺利，事业也不顺利；孩子不听话，员工也不听话。这些只是图中右下角的"果"，指的是你的行为能力，这只是我们从表面上看到的东西。往左看，图中左下角的是"因"，也就是我们的思维能力。思维能力决定了上面的"过程"，决定了情绪，也因此决定了行为。如果你的思维不改变，想改变情绪是很难的。比如，我的直播间里有人说，她很讨厌、嫌弃她的老公。当她在思维深处很嫌弃自己的老公时，上图中情绪的表达一定是对老公没耐心，动不动就翻白眼，露出鄙视老公的表情。她已经这样对待自己老公了，还问我："我能不能让老公给我钱花，给我时间，给我爱？"我告诉她，这不可能。因为她老公心里会想："我赚的钱，为什么要给这个从早到晚讨厌我、不认可我的女人？"

认知金字塔的概念，是由神经语言程序学者罗伯特·迪尔茨提出的。它把人的认知分为六个层次，分别是：**环境层，行为层，能力层，信念、价值观层，身份层，愿景层。**

神经语言程序学者罗伯特·迪尔茨的认知金字塔

很多人都处在下面三层。认知层次低的人，容易困于浅层问题。在直播间，我经常被问的三个问题是："我老公为什么喜欢跟别人聊天？""我为什么不能做到事业与家庭平衡？""我没有能力怎么办？"想知道问题的答案，要先问问自己：我的定位是什么？拿我来举例，我是从认知金字塔的上层往下层进行定位的。虽然我与世界的关系没有到"我要拯救世界"的层次，但我想帮助更多的人。40岁以后，我思考自己与世界的关系，结论是我活着不仅要让家人幸福，还要与这个世界产生联系。我给自己定了一个目标：从40岁起，用10年的时间，通过自己的努力，让更多女人美丽、富足、幸福、自由。这就是我给自己的定位。

认知金字塔的高认知和低认知

接下来考虑身份层，我经常问自己："我是谁？"我告诉自己，"我是一个有价值的人""我是一个要探索、要创新的人"。这是我对自己的信念，从而给了自己一个新的身份。我当年放弃了教师工作转做业务员，做业务员的时候又想做总经理。做总经理的时候，我又开始不断地接手管理更多的公司。当我有了幸福的家庭时，我还要有自己的事业。于是，我怀孕期间建立了一个新的平台——博商博文书院。我开了国学班、女子学堂班、家庭教育班。后来我发现，是别人在帮我招生，我在依赖这些外部力量带来生源。我希望能更依赖自己的能力。因为我给自己的定位是一个不断探索、创新的人，所以我有一种信念和价值观——要不断地探索。有一天，我发现大家都在拍短视频、做直播，我想，如果我也能这样做，就能在全国范围内自主招收到更多学员，不用再被别人"卡脖子"了。从那天起，我就开始在网上卖课、做知识博主，后来收获了许多粉丝和学员。只有将自己定位为一个创新、探索的人，我才有可能把公司做得更大，让我的家人过得更好，让我的同事薪资更高。我只有做一个不满足于现状的人，才能够成为一个利他的人，帮助更多女性。

认知金字塔的上下关系

如果你把自己认知金字塔中的上三层定好了，下三层就会很简单。作为一个"80后"，我没有任何做主播的经验，而且没有运营人员，我要怎么做短视频和直播呢？我去问那些离职的同事要不要回来做，如果做好了，就给他们股份和分红。我看有经验的同事怎么做，向他们学习就好了。如果你的信念定了，身份定了，你就会发现，遇到再多的问题，你的第一个想法都是"怎么办"，都会第一时间想解决方案，而不是怨天尤人。

做事情要学会抬头看天，也要学会低头看路。人的一生中，认知金字塔中的上三层是因，下三层是果。如果你看不到上三层，只看得到下三层，你的人生就总有一些解不开的结。如果你以下三层为出发点看人，就只能看到一个人所处的环境、行为和能力，而这个人本质上是什么样的人、心里在想什么、能为社会做些什么，这几层的问题，你永远都看不到。往往是"无"决定了"有"。举个例子，我们拿杯子是为了喝水。杯子的哪部分比较重要？杯子的外层肯定很重要，但是对于我们要喝水的需求，杯子里的空间更重要。如果杯子是实心的，那么这个杯子就成了圆柱体，没有了里面的"无"。没有这个空出来的位置，我们就不能装水，也就无法喝水。往往是，"无用之用，方为大用"。很多时候，我们看不到的东西却在决定着那些看得到的东西。

再讲一个案例。很多人一辈子都想赚大钱，却往往事与愿违。这可能是因为他们没有想过"我是一个什么样的人"，没有想过自己的信念。这样的人每天都在想"我喜欢钱"，在一个公司或单位待上 10 年、20 年，却总是遇到机会不去争取。不是自己的事他们不去干，是自己的事他们还懒得干。能力很一般，还要挑环境，工资不高的不干，老板不给分红的不干。从来不看公司有没有前景，也不看公司的产品有没有更大的空间，永远都在认知金字塔中的下三层。如果你的认知在上三层，先不说你跟世界的关系，不说你能给别人创造多少价值，单看身份层，你就要将自己定位成一个有钱人。看第三层的信念、价值观，要有这样的信念："有钱对我很重要。如果有钱，我就可以让身边的人过得好，也有能力帮助更多承受苦难的人。"

当你将自己定位为一个有钱人，你的信念是"有钱对我很重要"时，下三层的改变就会非常简单。你会怎么做？不管遇到什么样的坏境，你都会提升自己的能力，去学习，去找贵人，去破圈，因为你想赚钱。做什么才能赚钱呢？打工不行，做包工头也不行，要做那些有前景的事。于是你会想到，要做销售，要做代理商，要自己创业。你会变得不那么在乎环境，无论遇到什么样的环境，目的只有一个——为赚钱做准备。如果你所在的公司很小，刚刚创立，但你觉得老板很有能力，产品是前沿产品，那么你就不会在乎公司的环境，只会在乎产品能不能让你赚到更多的钱。你也不会说，"哇，这个老板好土啊"，只会看这个老板是不是愿意给你分红。如果你能帮助他，他愿意让你成为合伙人，你就不会再挑剔这个老板的口才和相貌了。你会想这个老板能不能成为你的贵人，帮你赚到钱。

95% 以上的人都在闷头做事情，只有 5%，甚至 1% 的人，有自己的信念："我是一个幸福的人。""我是一个有钱的人。""我是一个有价值的人。""我是一个能够帮助别人的人。"

犹太人的教育，主旨之一就是让人坚定地相信"我可以为别人做一些事"。犹太人有时会带自己的孩子到非洲去，让孩子看到那些非洲儿童喝的水多不干净，告诉孩子"一定要做一个对别人有用的人"。当你问犹太人赚钱重要还是身体重要时，他们会说，赚钱和身体都重要。如果你问他们是赚钱重要还是享受重要，他们也会回答，赚钱和享受都重要，因为他们从小就有几个非常重要的信念：

第一，帮助别人；

第二，一定要成为有钱人；

第三，不能为了家庭放弃工作。

有了这些信念，当思考"我与世界的关系"时，他们就会得出一个结论："我活着的目的是帮助更多的人。"哪怕发生了对整个种族不太友善的事情，依然不妨碍犹太人成为全球最富有的一群人。不管处在什么样的环境、做出什么样的行为，他们总能让自己成为有钱人，也总能去帮助别人。

请回过头来想一想，你现在过的是不是你想要的生活？为什么？如果不是，可能是因为你从来都没有想过自己要成为什么样的人。即使想到了，也没有深深地相信。当你的认知在认知金字塔的上三层时，因为认知层次高，你就能更深入地解决问题。如果你的认知层次低，那么你永远都会思考得比较少。

低层次认知

处于环境层	处于行为层	处于能力层
会把一切问题外部归因化：都是因为环境不好，才导致如此悲惨的命运。	相对于外部归因，认知处于行为层的人通常把问题归咎于自己的行动力不足。	会觉得自己的问题是能力还不行。

高层次认知

处于信念、价值观层	处于身份层	处于愿景层
思考什么是对自己重要的事情，专门做对的事情。	关注内心最本质的问题："我是谁？我想成为什么样的人？"	会更多地思考："我与这个世界的关系是什么样的？我如何才能改变世界？"

我们来看认知金字塔中的下三层：环境、行为和能力。

第一层是环境层，当一个人的认知处于这一层时，他会把一切问题都归咎于外部环境。他会认为，"大环境不好，所以我赚不到钱""大环境不好，大家的生意都不好做"。第二层是行为层，认知处于这一层的人，出现问题时，往往不知道做什么，认为自己什么也做不了。认知处于第三层（能力层）的人，通常会把问题归咎于"我能力不行""我不可以"。很多女性的婚姻生活不幸福，她们大多认为是因为"我不会说话""我不会示弱""我不会撒娇"，永远认为是自己的能力不足。她们没有将自己定位为"我是一个幸福的人""我是一个值得被爱的人""我是一个值得被尊重的人"。

如果你处在上三层，情况就完全不同了。如果处于信念、价值观层，你的信念和价值观可以是"我的婚姻、家庭对我很重要，所以我要想办法证明我是一个婚姻幸福的人"。到了第二层（身份层），你可以将自己的身份定位为"我是一个婚姻幸福的女人""我是一个家庭和谐的女人"。有了这样的定位，你会再往上想："我与这个世界的关系是什么？"如果有一天你想到"我的梦想是帮助更多的人，因为如果他们幸福，我会变得更加幸福"，你就会处于高层次认知的状态。此时你会发现，婚姻的问题，你都想办法摆平了。对待你的老公，你会欣赏他，会示弱，会撒娇，会懂他，一切都不在话下。

开启新身份、新信念

你的人生需要重新定义。如果现在的"果"不是你想要的，那请你重新给自己定一个"因"，开启你的新身份、新信念。世界上最不幸的人，就是说不清自己究竟想做什么的人。他们找不到适合自己做的事情，以致无处容身。读到这里，请你思考一个问题："我是一个什么样的人？"要给自己一个坚定的信念，从当下开始给自己定一个目标。比如，"我是一个有成就的人""我是一个有事业的人""我是一个幸福的人""我是一个健康的人"。

如果你将自己定位为一个健康的人，那么你每天早上都能愉快地起床。我给自己的定位是"我是一个健康的、快乐的、充满感恩的、幸福的人"，以及"我是一个永远都能面对挑战、解决问题的人"。所以，无论如何，我都能每天早上六点半起床，锻炼半小时。因为有"健康的、快乐的"这样的定位，所以我所有的压力都不会跟我先生说，也不会跟我的同事说。我会自我反省、去调整，努力去做一个快乐的、健康的、充满感恩的人。我很惜福，我有现在这么好的生活，理当感恩。我经常感谢公公婆婆，感谢我先生，我会对他们说："没有你们，就没有今天的我。你们对我太好了。"

我其实比较贪心，给自己的定位比较多。我觉得衡量人生价值的标准不止一种，我不想成为一个只有钱、没有家庭的人，也不想成为一个只有事业、没有健康的人。因为给自己的定位比较多，所以我每天都在努力，而且很多方面的努力是可以交叉进行的。我努力工作，不耽误我给我先生打个电话，交流感情。下班路上车比较少时，也不耽误我给妈妈发个语音，关心她的情况。星期天，我放下工作，带孩子去见我婆婆，维系亲情。

当你对自己有了好的定位时，会发现所有的障碍都在为你的信念、身份、目标让路。从今天开始，请重新定位你是一个什么样的人，一定要有非常坚定的信念，告诉自己，"所有的困难对我来说都是成就我的垫脚石"。困难越多，你就踩得越高、跳得越高。越是没有困难，你越会平平庸庸地过一辈子。当你今后面对困难的时候，首先要问自己："我是一个什么样的人？"这是最重要的，你的目标最重要。在你明白了自己的人生目标，有了你的信念之后，怎样更快地让自己成为一个幸福的、富有的、快乐的人呢？一定要记住：人生是有捷径的。人生有两条捷径。第一条是学习。花时间、花钱学习，就像你现在阅读这本书，这是我 20 年来总结出的知识与经验，你要学习做一个有价值的、幸福的女人。第二条是埋在你基因里的天赋。关于怎样发挥天赋优势，请阅读下一节的内容。

如何发挥天赋优势，做人生规划

很多女性之所以不成功、不快乐，是因为她们一直是在别人的安排下生活的，从来都不知道自己想做的是什么。要想走出舒适区，活出全新的自己，就必须找到自己的人生目标。要懂得如何发挥自己的天赋优势，做人生规划。

要重点发挥优势，而不应该补短板

请看上图的这个木桶，它能够盛多少水，不取决于它的长

板，而取决于它的短板，这就是人们常说的"木桶效应"。但是，对我们来说不是这样的。我们要学会发挥自己的优势，因为能人靠整合，穷人靠能力。如果你是一个不懂得资源整合的穷人，那么你只需要把自己的事情做好就行了。如果你想成为一个能人，就需要把你的天赋发挥到极致。只要短板不影响你的整个人生规划，你就可以找人配合你补足短板，因为没有人生来就是十全十美的。

以我自己为例。我有当教师的经验，所以口才比较好、领导能力比较强。什么是领导能力？一个领导本人可能什么事情都不够专精，但是愿意把机会留给身边那些有能力的人，知人善用就是一种领导能力。比如，我一看到财务数据就头疼，每次财务人员给我讲数据，我都像听天书，但是我相信财务人员，他解决了我不懂的财务问题。我不懂数据，所以找了一个助理。他非常有经验，用半个月的时间就把我们团队的数据分析得清清楚楚。我们团队做短视频，需要进行剪辑，但是我不会剪辑、不会配乐。没关系，有一个以前的同事懂得剪辑，我就把他挖过来，承诺给他分股份。于是，他3月入职，9月就买了一辆特斯拉，第二年在深圳买了房子。

我不懂的东西太多了，但我知道怎样用人。我能让团队里的每个人都做自己擅长的事情，把这些有特长的人集合在一起，给他们空间、责任、权力和利益，我自己就很轻松了。为什么我能领导100多个人的团队，而且非常轻松？因为我发挥了自己的优势。我的优势就是能够识人，并且乐于分享。我能让团队里每个人各司其职，凝聚大家的力量，朝着正确的目标一起奋斗。同时，我能不断地把利益分配好，把晋升的机制做好。所以，我的团队就做得越来越好了。

想知道你的天赋优势是什么吗？可以通过各种手段来了解。比如，通过各种工具来测试自己的特长是什么。在 PDP 性格测试[1]中，我测出来的结果是一只黄色的老虎。意思是说，我的目标感比较强。于是，我明白我要做一个不断挑战、不断折腾的人。当工作中出现我不擅长的事情时，我告诉自己要去挑战它。为了实现"让更多的女人美丽、富足、幸福、自由"这个目标，我愿意去克服困难。你也一定要找到自己的优势。如果找不到自己的优势，你会过得很辛苦，却得不到你想要的结果。

再举个例子，我的小弟弟初中就辍学了，他做了一年的裁缝、一年的厨师，都做得不好，因为都不适合他。后来，我给他做了PDP 性格测试，测试的结果是红色的大孔雀。原来他适合搞业务、和人聊天。我就让他去做业务，他现在年薪百万，日子过得不错。为什么？因为我看到了他的天赋。而我的大弟弟没有做销售的天赋，但是所有的老年人都喜欢他。他的 PDP 性格测试出来，是绿色的考拉。这类人有什么特点？他们不求大富大贵，只求安安稳稳，愿意帮助别人。虽然做销售不是他的特长，但是他在行业里慢慢努力，做了十几年，每年也有二三十万元的收入，生活也不错。

如何找到自己的"洪荒之力"

"大德始于自制，大智莫若知人"，美德和自律是一对孪生兄

1　PDP 性格测试：一个用来衡量个人的行为特质、压力、活力、动能、精力和能量变动情况的系统。该系统根据人的特质，将人分为支配型、外向型、耐心型、精确型、整合型。这五类人群被形象地对应五种动物：老虎、孔雀、考拉、猫头鹰、变色龙。

弟，最高级的道德修养都是从自我管理和自律开始的，最大的智慧莫过于了解别人。人要懂自己，一个真正有大智慧的人，首先要了解自己。"知人者智，自知者明"，了解别人是有智慧的，了解自己是聪明的。我们常说的"人贵有自知之明"，不含贬义，是说要知道自己有几斤几两。还有一个层次，要知道自己擅长的是什么，要找到你的"洪荒之力"。在这里，教你找到自己的"洪荒之力"的四个方法。

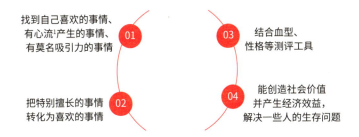

第一个方法，要找到对自己有莫名吸引力的、喜欢的事情。做自己喜欢做的事情时，你不会怕吃苦，而且总是忘记时间。以我为例，国学和传统文化都是我喜欢的，如果谁跟我聊这些，我都会非常感兴趣。所以后来我就讲了传统文化的课，开了20多个班。喜欢的事情有种莫名的吸引力，会让你产生"心流"。

第二个方法，可以把特别擅长的事情转化为自己喜欢的事

---

1 心流（flow），也译"福流"，在心理学中是指人们在专注进行某行为时所表现出的一种心理状态。

情。比如，一个人骨子里不是很喜欢做医生，但是他读了医学专业，在这个行业里深耕细作了二三十年，已经拿到了所有背书。在聚光灯下，所有人称他为主任、专家。他因为对这个领域足够擅长，所以后来慢慢喜欢上了这个行业，也会越做越好。反面的例子是，如果你在做一件既不擅长又不喜欢的事情，那么到中年时，你会非常痛苦，甚至出现中年危机，可能会因为工作而心力交瘁。如果想避免这种事情发生，就要及早找到自己擅长的事情，把它做好，然后慢慢地喜欢上它。

第三个方法，要用最快、最科学的方法找到你擅长的事情。可以做一些测试，比如做血型测试，或者性格测试。最典型的性格测试，就是性格色彩测试。如果你是偏红色性格的人，那你就很爱分享，表达能力强。绿色性格的人，会在一个岗位上任劳任怨地工作。如果绿色性格的人想多赚钱，就必须"调整"自己的性格，让自己更有能量感。蓝色性格的人比较完美主义，很喜欢做事情干干净净、利利索索。这样的人可以做财务，也可以做数据分析，这是他们擅长的。如果蓝色性格的人做了需要经常跟人打交道的工作，发现自己很难适应，就可以选择辞职。不要太委屈自己，只有自己喜欢的工作才能坚持下去。而黄色性格的人，目标感强，适合去创业当老板。许多成功人士的性格色彩中，黄色的比例都很大。要找出自己的性格特长，找到你的"洪荒之力"。

第四个方法，要找到这样的工作动力：能创造社会价值产生经济效益，解决一些人的生存问题。你的工作所产生的价值，不仅要让自己过得好、赚到钱，更要为社会创造价值。这样的事情值得你长期做下去，你自然就能找到自己的"洪荒之力"。

如何找到自己的终极目标

如何找到自己的终极目标？人这一辈子到底要干什么？可以从马斯洛的需求层次理论来找答案。从下到上，人这一辈子，最基本的就是吃喝拉撒睡，这一点和动物没什么区别。再向上，我们需要人身安全。接下来，幸福从哪里来？从社会需求和尊严需求中来。我们需要有爱人、家庭和好朋友，需要爱情、亲情和友情。然后，我们要有一份工作，能够让别人尊重我们，我们又能够帮助别人。这时，我们才有真正的幸福。当底层需求满足后，我们会不知不觉地往上走。为什么很多伟大的企业家到最后都把钱拿出来做慈善？因为他们下面层次的需求都满足了，已经走到了最上面的层次，就是自我实现。他们会想："我赚了这么多钱，这辈子到底要干什么？我能够为社会带来什么？"

幸福与需求层次的关系

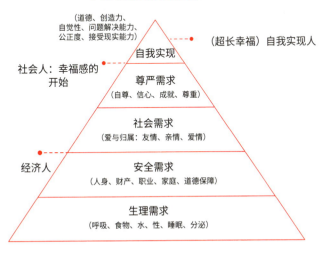

（道德、创造力、自觉性、问题解决能力、公正度、接受现实能力）
（超长幸福）自我实现人
自我实现

社会人：幸福感的开始
尊严需求
（自尊、信心、成就、尊重）

社会需求
（爱与归属：友情、亲情、爱情）

经济人
安全需求
（人身、财产、职业、家庭、道德保障）

生理需求
（呼吸、食物、水、性、睡眠、分泌）

要想找到自己的终极目标，就要在人生需求中进行挖掘。如果我们的生理需求得到满足了，自然就会需要安全感。安全感满足了，就需要人际关系的满足。人际关系满足了，我们又要去赚钱了。此后，我们要让更多的人认识、喜欢我们，让更多的人在聚光灯下发现我们。这些都满足了之后，最上面的需求就是帮助更多的人。

　　找到人生的终极目标有三个要点。

　　第一，做好当下该做的事，把事情做到优秀。

　　第二，完成每个人生阶段该完成的事情。孔子说："吾十有五而志于学，三十而立，四十而不惑，五十而知天命……"如果你在 15 岁左右就有了人生目标，那么在大学里，你就大概率不会因为年轻而犯错，你不会酗酒、辍学，不会叛逆，不会有反社会人格。如果你有孩子，那么在你孩子 15 岁左右时，要支持他定一个人生目标。只要他有人生目标，他年轻的时候就不会走弯路。30 岁的时候干什么？比如，要成家立业，找到一个志同道合的人结婚，再找到一份喜欢的工作，把工作做好。

　　第三，问问自己"我为什么而活"。人这一辈子，不是为了躺平，也不是为了抱怨，更不是为了折磨别人。你不断地想这个问题——天天问自己"我为什么而生？"，就能找到你人生的终极目标。

　　一定要找到自己的终极目标。有了终极目标，然后发挥自己的天赋优势，做出正确的人生规划，你就能获得长期的幸福。

如何提升成就感

也许你已经拥有了为之奋斗的目标，那么在努力实现目标的过程中，要有坚定不移的信念和不可动摇的信心。为此，你要想办法给自己加油，其中重要的一环就是提升自己的成就感。

提升成就感的重要性

有时候，你可能会对自己缺乏信心。当你做事没有信心、觉得"我做不好，我不行"的时候，回头想一想你过去做成了多少事情。人们都说，"失败是成功之母"，但是我要告诉你，"成功是成功之母"。成功，是成功的"亲生母亲"；失败，只是成功的"养母"。成功的次数越多，你就会越对自己有信心，越有一定要成功的信念，也更容易获得下一次成功。

成就感越强，你就会越有信心，越不会被困难击倒。心里要这样想："我以前曾经成功过，今天做这件事，我也会成功。"提升你的成就感，你的人生才有幸福感，才能够不断地成功。

什么是成就感？成就感就是两个字——"完成"。比如，我找到了这个世界上我最爱的人，这件事完成了，我很有成就感。又如，我的孩子考上了清华大学，我很有成就感。再如，我买了一套梦寐以求的房子，或者是一辆我喜欢的车……这些都能让我有成就感。成就感越强，你的人生就越充满正能量。

举例来说，我们公司签约了很多老师，有清华、北大的老师，有上市公司的 CEO，我们公司要把他们打造成网红主播。此外，因为我将自己定位为一个不断探索、创新的人，所以我还要做自己的直播和短视频。前期，我非常焦虑，也没有信心，但后来，我找到了自己的成就感。过往工作中的成功经验给了我信心，我笃定，我一定能把事情做好。现在，我的直播和短视频做得都不错，得到了粉丝的信任，也解决了她们生活中的一些问题，我的目标实现了。如果你现在做一件事情没有信心、犹豫不决，那么请你从当下就开始提升自己的成就感。

提升成就感的三个方法

装作有成就的模样

当你与人进行社交时，要注重自己的穿着。社会很现实，没有人愿意透过你邋遢的外表去了解你。如果你想提升自己的成就感，就必须补齐成功者的功课，这样你的机会才更多。一个女性如果想获得别人的帮助，就请不要说："你别看我长得很普通，但是我很善良，很有学问，很孝敬父母。"不好意思，没有人会跳过外表去了解你的内心。如果想结识一个优秀的男性，请把自己打扮成一个知性、优雅、温柔的人。因为你给人的第一印象——你的外表，在一定程度上影响着别人要不要跟你继续交往，你的人品决定了对方要不要跟你长期交往。记住这个方法：先修炼，再"成为"。请注意出门前给自己化点淡妆，穿件好看的衣服。如果你不修边幅，可能连你的老公和小孩都不欣赏你，不愿意跟你走在一起。要提升自己的成就感，就要先从外表上装饰自己，装作有成就的模样。

和有成就的人在一起

当你和有成就的人在一起时，如果他们接纳了你，把你拉到他们的圈子，那你就会不知不觉地自信起来。我在认识我先生之前，已经有几家公司了，但是我的内心真正有力量感，是在认识我先生之后。因为他身边的资源很多、人脉很广，不论是民营公司还是国企、政府单位，他都认识很多朋友。而且，我先生胆子很大，遇到问题的时候，他总是说"我不怕，有什么问题解决什么问题"。我跟他在一起以后，他带着我去参加各种饭局，见不同层次的人。不知不觉间，我就成了一个有成就感、有底气、有信心的人。一定要多和那些有一定成的、幸福的人在一起，不要和那些每天家长里短的人在一起。如果你重新定位自己的身份为"我是一个幸福的人"，那你的信念就是"我要永远和幸福的人在一起"；如果你将自己定位为"我是一个有钱人"，那么你的信念就是"我要多和有钱人在一起"；如果你的定位是"我是一个能够不断帮助别人的人"，那你就要经常和那些做慈善的人在一起，帮助别人是一定有福报的。

我刚来深圳时，找了很多工作，最终选择了教育培训，因为当时在人才市场，HR（人力资源）告诉我，他们是给企业老板做培训的，他们的客户是老板，要经常和老板一起学习。因为这句话，我选择了这份工作。因为在我的信念里，要想成为什么样的人，就要和什么样的人在一起。尽管我在此之前的工资是每月1000元，但我还是选择了这个每月工资只有200元、8个人住一套三室两厅房子的工作。

如果你想成为一个有信心的女性，就一定要和那些有信心的、开朗的人在一起。然而事实是，我们往往希望自己成为太阳，不想和幸福的人在一起，总是喜欢和可怜的人在一起，喜欢帮助、同情别人。但是，如果你经常和这样的人在一起，他们其实就会变成"吸血鬼"，不断地吸取你的能量，你却无法吸收到他们的能量。如果你想让自己变得自信，请你和那些有能力的、富有的、快乐的、幸福的人在一起。

将大目标分解成小目标

逐步完成目标，累积成就感。比如，我想买一套房子，不可能说买就买。可能需要今年存多少钱，明年存多少钱，后年存多少钱，然后从银行贷多少款。在你达到这些小目标后，买房子的目标就实现了。我们很多时候为什么不敢做事情？就是因为我们定的目标太大，面临的困难太多，导致我们知难而退。

例如，我想让孩子读名牌大学，但是我很担心。我会想："那么多孩子都在考大学，我的孩子怎么能考得上呢？"我就调整心态，"儿孙自有儿孙福"，就不再让孩子上补习班，不再看他的作业，不再让他成为一个有韧劲的人。这样做，孩子可能就考不上好的大学。如果我的目标是让孩子成为一个重点大学的学生，那就先不去看过程中的困难，而是把目标进行分解。可能我只需要每天花半小时的时间跟孩子沟通，每个星期让孩子上两次补习班，任务就完成了。

再举一个例子。因为我和我先生都是从商的，所以我很早就为自己的孩子定下了将来也从商的目标。孩子的口才很好，所以我每天都给孩子读绘本，培养他的语言能力。孩子 5 岁时，我们让他报名当升旗手，6 岁以后让他去兴趣班学习口才。因为期望未来孩子身边有一群人帮助他，所以锻炼孩子的社交能力，让孩子从小就有格局，把他的糖分享给别人。孩子遇到困难时，我会告诉他怎样面对困难，解决问题。我还告诉孩子："别人可能会讨厌你，也可能会喜欢你。但不管怎样，你都要让自己变得开心。"从 2 岁开始，我就让孩子上托管班，星期一、星期二晚上参加科研班，星期三、星期五晚上学英语，星期四晚上学滑冰，锻炼他的胆量。星期六早上，请家教老师到家里来训练他的思维能力。星期天上午，带他去玩沙子、玩水，然后去奶奶家。他未来的成功是我的一个大目标，但是在当下，要将目标进行分解，做好每一点。

怎样提升自己的成就感？每一个小目标达到了，就能提升成就感。如果你也这样做，就会发现，你的大目标最终也都能够实现。

如何激励自我不断成长

如何成长，是每个女性都面临的课题。如何才能激励自我，不断成长呢？首先，要把成长这件事当成自己的必修课。

为什么很多女性明明知道成长对她们的人生有利，对她们的孩子、婚姻和事业也有利，却还是不去成长呢？我对很多女性朋友进行了调查，得到三个答案。

第一个答案是，她们没有办法让自己成长。她们也知道成长对自己有利，但是不知道用什么方法，不知道什么方法最适合自己、最有效果。

第二个答案是，她们比较懒。明明知道成长对自己有用，却不去做，怕付出没有收获，会失败，从而让别人看不起。

第三个答案是最可怕的。调查的 90% 的人不能自我成长的原因，是她们在自我否定、自我 PUA[1]，心里想的是"我不行""我

---

1 自我 PUA：对自己的隐形攻击，表现为自我打击、自我否定、自我攻击等行为，是一种心理上的严重内耗，常会造成心情低落，严重时会抑郁。

不可以""我没钱""我没时间""我没能力""我年龄大了"……看起来她们是很谦虚，其实背后有一个声音就是"我不想成长"。她们可能会说，"其实我想成长"，接下来就会说"可是……"，她们能说出一系列的"可是"，都是在自我否定。

只有知道成长对自己的好处，你才能真正下定决心去成长。成长有什么好处？我们经常说，"我变了，这个世界就变了"。我身边有很多女性曾经婚姻不幸福、亲子关系很糟糕、处于人生低谷，但是她们真的成长了，用正确的方法去学习，去接触有正能量的人。然后，她们的心态就变了，不再陷入不好的情绪中，对待很多事情也不再手足无措，开始有了智慧，对待身边的人也开始用新的方法。

有粉丝告诉我，她成长后，慢慢发现她老公和孩子对她的态度变了。她以前遇到事情时，总是不知道该怎么办，要么逃避，要么抱怨。但现在不一样了，遇到事情，她第一时间考虑问题形成的原因，接下来会考虑解决方案，思路一下就打开了。问题来了不可怕，她知道自己有能力去解决问题。突然间，她的能量就变大了。这就是成长带来的好处。你成长、变化后，会发现世界也随之改变，你的幸福生活会随之而来。

如果想成长，那么不管遇到什么样的困难和挑战，都不要放弃，要进行自我激励。这里分享三个自我激励的方法。

从小目标开始

很多女人想很快就赚到很多钱，想马上就有厉害的社交圈，或者想让老公立刻就欣赏自己，这样的目标太难实现了。千里之行始于足下，九层之台起于垒土。比如，你从来没有看过书，买了一本书看不下去，却觉得这本书很好，想学习，怎么办？可以给自己定一个目标：每天只看 10 页。看完 10 页以后，就放松一下。每次读完 10 页书，可以根据自己的喜好，奖励一下自己。比如，做个面部护理，喝杯咖啡，吃一顿西餐。在你力所能及的范围内，用你最想做的事情奖励自己，以此进行自我激励。因为我们是普通人，学习和成长时，只有一小部分人是沉浸在快乐中的。很多人在突破自己时，会忐忑、焦虑，脑子里有各种干扰的声音。那么，你只需要让自己在达到目标时，有一份好心情。如果受到奖励，你就会有好心情。只要心情好，你接下来就能以非常开心的方式继续做这件事了，这是一个正向循环。

要在实现小目标后，做一些自己喜欢的事情。比如，我虽然可以努力去赚钱、做事业、带团队，但总是控制不住自己的食欲。我想控制食欲，是怎么自我激励的？只要少吃一点点，我就在其他方面给自己奖励，比如明天早上晚起 10 分钟。只要在不影响工作的情况下，晚起一点对我来说是很幸福的。我想看一些大部头的书，比如《资本论》，我就给自己定一些小目标，看 10 页《资本论》，就给自己一些小的奖励。因为经常奖励自己，所以这么厚的《资本论》，我快看完了。

将事情重新定义

有些事情，我们面对的时候是很痛苦、很无奈的。现在，可以换一种方法——转念，重新去定义、去升华。以婚姻为例，很多女性在婚姻中看到对方邋遢、大男子主义、冷暴力等，就觉得："这个男人是来折磨我的，我的婚姻是不幸福的。面对这样的男人，我除了抱怨、逃避，别无选择。我怎么这么倒霉？我的婚姻为何如此糟糕？我的人生怎么如此低迷？"当你有这样的想法时，可以换一种思路："婚姻是修炼我的道场。"女性最大的修炼场就是婚姻和孩子。如果能把婚姻经营好，把孩子管好，让自己有幸福感，那你就是一个超级有段位、有智慧、有成就的人。

带着这份信念，当男人的表现让你感到不满意时，通过学习，如果能将以前感受到的80分的伤害理解成现在的20分的伤害，你就成长了。要学习对事情进行升华，你就不会再陷入抱怨、指责中，会拥有更多主动性。有了主动性，你就能解决问题，你的自我激励感就提升了。以前，你总是和老公对着干，"一哭二闹三上吊"，现在不一样了，你能用智慧解决问题了。你成长了，有智慧了，你会很开心。可以奖励自己去看一场电影，或者在能力范围内买你喜欢的衣服和包包。

我以前也不懂得这些道理。我刚认识我先生时，如果我们吵架，他就摔东西，我也会说出恶毒的话。当他说我的时候，我只是流眼泪；当我说他的时候，他反应激烈。吵架时，我并不快乐，他也不快乐。婚姻需要不断地磨合。后来，我学了一些心理学的课程，开始研究我先生的原生家庭，发现他小时候受过很多苦。他的父母太忙了，经常不在家，没有给他很多爱，他是缺爱的。他没有安全感，脾气很暴。我想明白后，在遇到事情时，就不直接跟他对着干了。我会在事情结束冷静一两天后，我们的关系缓和时，开玩笑地跟他讲前几天的事情是怎样的。他突然发现我的段位提高了，也更能接受我的意见了。在我改变以后，我的先生也改变了很多。他以前是一个经常不回家的人，也比较以自我为中心。现在，他能考虑我的感受，送我礼物，还说要多赚钱给我花。

所以，女性要想自我激励，就不要总是有"我不行""我倒霉"的念头，要转念——转成对我们人生有意义的念头。

再举一个例子。我人生的最低谷，是我怀孕两个月，辞掉工作从零开始的时候。我每天吐得很厉害。以前的团队有 100 多个人，辞职后全部都没有了。我没有从身边挖人，而是重新出发，一个人一个人地招聘，一个人一个人地培养。那时，我的转念是什么？我想："如果这个时候我能够把事情做好，那我的人生多厉害啊，多有成就感啊。"我就怀着这个信念，努力工作。用了五年时间，我从自己一个人发展到团队有 100 多人，我们的年产值将近一亿元。人生贵在折腾，不折腾，你就不知道自己的人生会是怎样的。人最可怕的不是自己不成功，而是到老的时候，发现自己从未折腾过。

在团队稳定之后，我又做了短视频。我的直播间从 0 粉丝到几个粉丝，再到现在有 9000 人同时在线。每一次重新定位，我从来都不看负面的东西，总是能看到事情的意义——看到我的成长，看到它对我人生的价值。以前我开线下课程，学员只有 50 个人。现在，我可以通过线上课程服务 5 万多人。所以，我们要学会激励自我，不要把困难当成困难，要把困难当成机遇和方法。每次遇到困难，就自我调整一次，你的人生将会踏上一个新的台阶。

先假装，再实现

我有一个学员，16 岁便辍学了，初中都没读完，就在工厂打工。她经常听一些线上的音频，她听到"要成功，先把自己的思想武装起来，然后不断地学习"。这个女孩觉得很受用，就不断地参加各种课程。有一次，她参加一个课程，老师在结束时跟他们说："你们想不想成为老师？如果想成为我这样的人，你们就要跟着我不断地学习。"这个女孩当时身上只有几千元，她就把所有钱都买了这个老师的课。

那个老师说，要先从思想上认为自己是一个比较有成就的女孩。要先假装，再实现。所以，这个女孩下定决心，要先把自己装成有钱人，再实现成为有钱人的目标。带着这样的想法，她把自己以前的衣服全部扔掉，花了几百元钱去购物，打扮自己。然后，她去参加各种课程，逐渐有了一个目标，就是要建立自己的平台，销售自己的课程，从而赚更多提成。

当爱学习的学员去刷卡付费，或者上台去报名课程时，她就加这些学员的微信。因为这些学员既有钱，又愿意学习，所以他们很可能来听她的课。她想办法与这些人建立联系，把自己打扮成成功者的样子，告诉别人，她连初中都没毕业，也不会讲课，通过学习，现在能讲课了，收入也还不错。这个女孩的口才很好，那些人就慢慢地被她引流到了她的平台上。就这样，三年的时间，她通过成长，自己做业务，已经小有成就。这就是一个最简单的"先假装，后实现"的案例。她先让自己装成一个有能力、有思想的女孩，然后不断地向老师学习，不断地去发展业务，最终成为一个她想成为的能赚钱的女孩。

这也是很多女孩，特别是年轻的女孩，自我激励非常好的成长方式。

还有一个例子，就是"我想成为一个有智慧的女人"。在婚姻中，可以先把自己装成一个有智慧的女人，装成一个会示弱、会撒娇的女人。等哪一天，老公发脾气让我不高兴了，我首先要告诉自己，"我是一个有智慧的女人"。有智慧的女人是什么样的？不要立刻骂老公。如果事情发生了，先深呼吸五秒钟，然后对老公说："老公，刚才你说的话，我没听清楚，你可不可以再说一遍？""老公，我感受到你刚才比较愤怒，我不知道发生了什么事情，你可不可以告诉我？""老公，今天你是不是有什么不开心的事情？我刚才感觉到你很伤心。"

此时此刻，有智慧的女人不会跟老公对着干。装着装着，人真的就变了。人要学会先量变，再质变。我们经常说，"这个人性格变了"。但是，性格有那么容易变吗？其实，说一个人性格变了，往往是在说，这个人的情绪变了。以前她经常骂人，别人就会认为她性格暴躁。还有的人，以前不爱说话，不爱与人交流，别人就会认为这个人很内向。其实，我们是通过人的情绪来确定他是什么样的性格，给他下一个定义的。如果你一开始总是很暴躁，慢慢变得安静、充满智慧，那么几个月后，就会有朋友说："你最近变了。"这时，也可以说你的性格变了，变得不再暴躁了，变得安静、温柔了。我们的习惯是一点点养成的，想自我激励，可以先假装，再实现。

总结一下，我们可以从这三个方法着手，来实现自我激励：

第一，先定一个小目标，做好以后奖励自己；

第二，遇到任何困难，要学会给它下一个正向的定义；

第三，先假装成自己想成为的人，再慢慢地去修炼和积累，一点点进步。

一段时间后，你一定会比现在更优秀。

如何成为一个有大格局的人

要成为优秀的女人，一定要有大的格局。

我们要想办法让自己成为一个有大格局的人。有大格局的人，一定拥有大智慧。当你变成一个有智慧的人时，你老公会随之改变，你的孩子也会变化，你的整个世界都会往好的方向改变。所以，有大格局的人一定是有能力的，也一定会幸福。怎样成为一个有大格局的人呢？在此，我分享四个方法。

懂得划清界限

很多人不懂得划清界限，生活一团糟，自己的事情没做好，却总是去做老好人帮别人做事，或者总是去控制别人，让别人按照自己的方式做事。什么是划清界限？其实，人生只有三件事，一件是自己的事，一件是他人的事，一件是老天的事。你只需要做好自己的事，尊重他人的事，臣服、顺从老天的事，人生就不会太纠结。

什么是自己的事？吃喝拉撒是自己的事，工作是自己的事，喜怒哀乐也是自己的事。我们把这些做好就可以了。

什么是他人的事？"老公，你什么时候回家？""老公，你跟谁吃饭去了？""老公，你爱不爱我，疼不疼我，愿不愿意给我花钱？""孩子听不听我的话？""孩子选什么工作，娶什么样的媳妇？"这些都是他人的事。很多女人想不开，觉得以上这些事她都可以管。其实，你只能尊重他人，管不了他人的事。

我想改变我先生，想让他按我的方式做事。他不给我钱花，我就抱怨他不回家，打电话吵他；孩子不听话，孩子的媳妇我不喜欢，我就要参与他们的事……夫妻关系和亲子关系破裂最根本的原因，就是有人想操控他人。他人的人生是操控不了的。你只能影响别人，却不能操控别人。你只能做好自己的事，尊重他人的事。如果想影响他人，你可以用欣赏、赞美、示弱、撒娇等方式去慢慢影响他人，而不是控制对方。

你可能会说："我的孩子还小，难道我不管他吗？"要知道：孩子 12 岁之前，特别是 3 岁之前，是我们的事。孩子小时候，我们要陪他，要给他充足的爱：3 ~ 6 岁，要帮他养成好的习惯；6 ~ 12 岁，要帮他建立安全感。作为父母，教育孩子是我们的事情。但是，孩子有自己的思想，父母要尊重他的意愿，适当地引导他。到青春期时，孩子有自己的行为能力和想法了，父母要尊重他，给他空间。孩子长大之后，他的工作和择偶都是他自己的事情，父母只能给建议。要尊重他，而不能控制他。

第三件事，就是老天的事。生老病死，不是我们能决定的。我们决定不了自己生命的长度，只能决定生命的宽度。老天刮风下雨、地震冰雹，我们受不了，但无能为力，只能做好自己的事情，比如加强绿化，善待大自然。

我有个朋友，她的父亲离世了，她接受不了这个事实。因为她和父母的关系特别好，先是母亲离世，紧接着父亲也离世了。她用了两年的时间都走不出来，一直很悲伤。后来，她去上心理学的课。一个心理老师帮她疗愈，告诉她："亲爱的，你这么痛苦，是你父亲想看到的吗？你有没有把自己的情绪照顾好，把自己的身体照顾好？我知道你思念你的父亲，但是，你知道吗，你的父亲离世，那是老天的事，是他的事，是他的命。"她突然间就明白了，她说："这两年，我太痛苦了。为了父亲，我连择偶都放弃了。我交往了两个男朋友，却没能好好相处，因为我每天都活在焦虑和痛苦中，男孩没跟我接触几次就分手了。"

我还有一个朋友，她是心理学的老师，她的妹妹 12 岁时得了红斑狼疮，到三十几岁就离世了。她告诉我："陈老师，我们早有心理准备了，因为那是她的事，我们尽力做到了随时随地陪在她身边。这么多年，我从来没有全心全意地工作过，因为我要陪她。但是，她还是走了。我们怎么做也没办法挽救她，这是她的命，我们已经尽全力了。"她的妹妹走了，家人能够接受，就是因为他们明白"我"的事、别人的事与老天的事之间的界限。我们经常说，要拿得起，放得下，其实，只有放得下，你才能拿得起。

懂得面对坎坷的人生

一定要明白，人这一生不会都平平安安、顺顺利利，总会有坎坷。只是有的人坎坷大一些，有的人坎坷小一些。但是，在有能力的人面前，再大的坎坷都能变成小坎坷；在没能力的人面前，再小的坎坷都会被认为是大坎坷。我们应该怎么办？如果你有能力、有智慧、有格局，就会发现什么事都可以过得去。人生的痛苦很简单，最难的就是生老病死，谁都逃不过。如果每天都在纠结这些，放不下，想不开，你就会品尝更多的苦。如果你能看透，面对痛苦、困难时，能想办法解决问题，那你就能做到苦中作乐。当你有苦中作乐的能力时，不论遇到什么问题，你都不会抱怨和纠结，因为每一次将问题解决了，你的智慧和能力都会提升。人们总是说"危机"，危险的后面就是机会。

大事不糊涂，小事不计较

很多女人容易纠结，喜欢倾诉，容易有负面情绪。出现这些状况，她们基本上都不是为了什么大事，更多的是为了小事："我老公是不是不爱我了，怎么又没有给我买礼物？""他又跟谁聊天了？""他晚上又回来晚了，今天又跟谁出去吃饭了？""我婆婆又说什么话了？""我的孩子怎么又考得这么差？"女人容易为各种小事纠结。

在我们人生的长河里，回头一看，大部分事情都是小事。比如，一个孩子在 3 岁的时候因为玩具而哭，可能哭一两小时。但是，等他 10 岁、20 岁以后，他还会因为这个玩具哭吗？不会。因为他长大了，成熟了。在他生命的长河里，这是非常小的一件事。如果你当下在为一件小事而烦恼，那么把自己的事做好就行了。

但是有几件大事，我们永远不要犯糊涂。一旦犯糊涂，它们就可能成为你人生的遗憾。人生有小遗憾不可怕，如果是大的遗憾，很多人就过不了那个坎儿了。到老的时候，回头一望，还在遗憾，还在伤心。

比如，**人生中第一件大事就是自己的生存问题**。所谓生存，这里主要是讲自给自足的能力。我不建议女性放下工作，全心全意地照顾家庭。因为时代在快速变化，女人要有社会生存能力，要有自己的工作。不管你能赚大钱还是小钱，都要有自己的价值，这样才能不被男人看不起，不被男人伤自尊心。要随时可以养活自己，让自己过得有尊严、不痛苦，所以工作千万不要丢。这也能给孩子树立一个非常好的榜样，因为孩子也会觉得，"我妈妈能赚钱就是有价值"。

第二件大事，就是身体健康问题。年轻的时候没感觉，年龄渐长后，会发现我们所做的一切都是在消耗年轻时的精力。如果年轻时能够将自己的身体账户储存得足够多，年龄大了后，你会有更多的幸福感。从当下开始，要注意养生。

第三件大事，就是孩子的教育问题。家庭教育不能等，因为孩子是我们离开这个世界后唯一留下来的有生命的存在。功名利禄，到走的时候都带不走，但是孩子会给你一个念想：那是我的DNA在这个世界上的延续。所以，要好好培养孩子，不求孩子大富大贵，不求他给世界创造多大的价值，但是他来到这个世界上，首先不要浪费资源。到50岁之后，你发现别人的孩子很优秀，你可能不羡慕。孩子身体健康，能够陪在你身边，让你享受天伦之乐，你就会成为朋友圈中被羡慕的人。

我身边有一位长者，今年80多岁了。他很痛苦，因为他的两个孩子在上初中时就被他送出国了，他们现在都已定居海外。

一个孩子从来不回家，他奶奶去世时，他都没回来，打电话只用英语。另一个孩子，每天什么都不干，只知道花家里的钱。这位长者说："我就是在年轻的时候只想着我的事业，没把孩子培养好。"

我身边有很多企业家的孩子，他们有非常高的学历，毕业了到家里开的公司工作，有的连发快递这样的小事都不干，就在公司里摆烂。很多人都是在年轻的时候觉得事业最重要，孩子还小，不用怎么管。但是，等事业发展平稳后，孩子已经长大了。小树苗长歪了，你没有时间去浇水、扶正，长大后，你再怎么努力也扶不正了。

第四件大事，就是孝顺老人的问题。我们经常说，最恐怖的就是，"树欲静而风不止，子欲养而亲不待"。不要等父母老的时候才去孝顺他们。我们当下的每一个电话、每一次陪伴、每一个小礼物，都是孝顺。我们的孝顺不仅要放在心里，还要体现在切实的行动上，让孩子看在眼里。你如何做，孩子将来就会怎样对待你。

只要以上这四件大事你做到了、做好了，小事就不用再纠结了，你一定会是一个有大格局的人。因为大格局是放在人生的长河里的，不是放在鸡毛蒜皮的小事上的。

拥有大智慧

我们要有大格局，就要有大智慧。因为有大智慧的女人，一灯能破千年暗。这个"灯"就是智慧，这个"暗"就是愚昧，就是没有智慧。当我们有了智慧，有了一盏明灯时，遇到什么事情都不会纠结，而且能够开放思维，找各种方法来解决问题，最后都会变得自在洒脱，没有烦恼。

怎样才能有大智慧？我们经常说，读万卷书，不如行万里路，不如阅人无数，不如明师指路。下面这四件事都能让你有智慧。

第一件事，读万卷书。比如，一个人写一本书、讲一门课，哪怕只用一年的时间，他也一定学了很多东西，糅合成自己的内容，是他智慧的精华。你能读万卷书，就可以吸收很多人的智慧结晶，那你就能成为一个有智慧的女人。

第二件事，行万里路。没事多出去走一走，放松放松，散散心。出门去旅游，能让自己开阔眼界，不再拘泥于琐碎的事情，心胸会变开阔。心胸开阔了，你就会变得更放松。一个人所有的创意都来自放松，而不是压力。因为在压力下，人的大脑皮层释放不出真正的创意。

第三件事，阅人无数。在接触了很多人后，你会发现他们中有成功的、有失败的，有富有的、有贫穷的，有愚蠢的、有聪明的，有善良的、有邪恶的，这就是千人千面。见的人多了，你就知道谁是骗子；被骗得多了，你就变聪明了。认识的人多了，你就知道哪些人可以交往；接触的人多了，你就知道哪些人要远离。遇到的人多了，你就学会了放下。人分很多种，想法都不一样。看过了人间百态，你就会变得不再纠结、不再抱怨，以更加平静的心态去接纳形形色色的人。

第四件事，明师指路。什么叫明师？不是"有名"的"名"，而是"明白"的"明"。每个老师都是自己跳过坑、有过应对困难的方法的，他们不仅能够救自己，还能够把别人从泥潭中拉出来，告诉别人哪些坑不能踩，哪些方法更有效。我和我的学员之间有一个价值交换，她们给我时间、给我学费，我教她们一些我的方法。我们之间能量守恒，彼此尊重。我一直以来的目标就是做一个明师，帮她们解惑。当然也包括正在读这本书的你，希望我的书能对你有所帮助。

如果你想成为一个有大格局的人，就要做到以上四点。可以多读几遍，慢慢地努力去做。

第 2 章

情绪自由，
才是一个人最高级的自由

———

如何理解情绪

女性要想健康地成长，实现自己的目标，首先要对自己的情绪有正确的理解，尤其要懂得一些负面情绪背后的正面动机。

正确应对负面情绪的重要性

一个人要想过得幸福、快乐，首先要努力实现情绪自由，情绪自由才是一个人最高级的自由。有的女性有很多压力和负面情绪，总是处于恐惧和焦虑中："孩子是不是不健康、不聪明？""老人是不是身体不好？""我是不是变老了？"如果我们身边的人离我们而去，也会令我们有负面情绪。有的人总爱跟身边的人比较，变得很自卑，甚至还会有社交恐惧症。有的人经常因为忙于事业放弃了对孩子的教育，而变得内疚。有时候，老公达不到我们的期望，也会令我们愤怒。

如果你的负面情绪过多，时间长了，你的身心就会出现非常大的问题。先是心理生病，之后身体也会生病。如果你的负面情绪被压抑着，不能正面地表达出来，你慢慢就会变得抑郁。如果情绪没有得到释放，你会逐渐变得遇到事情就很较真。长寿有什么秘诀？管住嘴，迈开腿，这只是一方面。一个人是否长寿，往往也取决于他的内在情绪。如果他内在情绪很好，想得开，很快乐，身体充满了多巴胺，甚至像小孩一样，走着走着路都会跳起来，那么他的心理很健康，身体会更加健康。

其实，所有挥之不去的情绪背后，都有一个未完成的使命在等着我们。要理解负面情绪究竟在告诉我们什么，我们才能很好地去解决它。先理解情绪，才能管理情绪，最后让情绪为我们所用。每种负面情绪背后，都有一个正面的渴望。要学会转念，心念一转天地宽。此时，会震动四方，周围的人会给你让路。如果心念不转，你将会永远活在困惑、愤怒的世界里。

负面情绪不会无缘无故地来到你的身边。有男就有女，有阳就有阴，有正面情绪就有负面情绪。负面情绪和正面情绪是一个整体，没有绝对的好与坏，也没有绝对的正面与负面，就像一枚硬币的两个面。如果处理好了不快乐的情绪，你就快乐了。如果你只看到不快乐，就永远在负面情绪里打转。要学会如何看待负面情绪。当负面情绪来临时，要能够理解它。当你有情绪时，比如你愤怒的时候，其实愤怒不是问题，不会表达愤怒才是问题。如果不能够表达情绪，一味地压抑自己，你就变成了情绪的奴隶。这时，你开心不开心，对方说了算。比如，只要老公不回家，我就愤怒；他不给我买花，我就难受；他不跟我说"我爱你"，我就觉得没有安全感。这时，我就已经被负面情绪所左右，不是自己的主人了。

会表达情绪，是一个女人高能量、有智慧的表现。情绪来了要学会看到它、表达它。每个人都要成为有价值的人，只有能给别人创造价值，别人才能给你价值，这是舍与得的关系。每种负面情绪的背面，都有正面的渴望。这种渴望在提醒你，怎样做才能让负面情绪溜走。当让人不舒服的情绪出现时，它并不是为了让我们不舒服，而是让我们去探索，去解决问题。

发现负面情绪背后的正面动机

我们来了解一下负面情绪背后的正面动机。

第一种，悲伤。悲伤是一种负面情绪，但是它告诉你，你正在失去一样东西，要珍惜它。我的一个粉丝说，她父亲去世后，她每天都活在悲伤之中，一个月都走不出来。她父亲去世一个月后的一天，她的电话突然间响了，对面"嗯"了一声就挂掉了。她感觉那是她父亲的声音。父亲已经走了，她居然听到了他的声音，她感到很悲伤。学了心理学的课之后，她才发现，其实悲伤并不是她想要的，悲伤是在提醒她不可以再失去身边的亲人了。所以，她后来格外珍惜她的母亲和兄弟姐妹。

第二种，焦虑。有的人带孩子很焦虑，就会"鸡娃"。别人家的孩子都在上补习班，她的孩子没有上，或者她觉得自己的孩子没有别人聪明，就一直处在焦虑中。焦虑的背后是恐惧，是想逃避，和我们的目标相反。如果你知道自己培养孩子的目标是什么，比如想把他培养成健康、孝顺的孩子，那么他即便没有别人聪明，但是他人格健康，懂得孝顺长辈，懂得和妈妈好好沟通，你就没有那么焦虑了。所以，焦虑是在提醒你，背后有需要你完成的事情。

第三种，讨好。有的女性当了宝妈后，很愿意讨好别人。讨好老公其实不是一种欣赏，而是伪欣赏。这种伪欣赏的背后是希望老公给她钱，给她认可。有的人喜欢讨好婆婆，这是可以的，但是如果一直在讨好婆婆，而婆婆哪天做了对不住她的事，她就会受不了，因为她觉得："我对你这么好，比你儿子对你都好，你怎么这样对我？"讨好的背后是什么？是你想索取，希望对方能够对你好。这样做是很累的。如果你不想获得什么，一定不会去讨好别人。

第四种，愤怒。愤怒的背后，是害怕失去。我的一个粉丝说，她老公在跟别人聊天时，她问了一句，她老公就很愤怒，把杯子砸了、把手机摔了，然后给了她一巴掌。她老公为什么愤怒？因为他害怕被戳穿，害怕老婆接下来跟他理论，向他提出更多要求，害怕他的谎言被识破。所以，他想用他的愤怒来驾驭自己的老婆，来恐吓她。其实，愤怒是一种害怕，害怕谎言被揭穿，害怕不能控制住别人。如果我们能够看到愤怒背后的情绪，就不会再担心了。

第五种，自卑。自卑是一种常见的负面情绪。很多女性对我说："我生了孩子，付出了这么多，但是我不能赚到钱。在我先生面前，我没有影响力，我很自卑，感到没有价值。怎么办？"自卑是因为你在跟别人比较，觉得自己不如别人。那怎么做才能摆脱自卑，自信起来？

第一，不要跟别人比较，离别人远一点。

第二，努力做一些事情，取得成果。

你的自卑是在提醒你，要努力一点，它背后是一种动力。只要我们努力了，取得了成果，就不会自卑了。每种负面情绪都是在告诉你，要做一些事情。它是在给你提示，而不是要让你难受。

第六种，**内疚**。你伤害了别人，所以感到内疚。比如，你每天忙着工作，没有时间培养孩子，感到不好意思，你很内疚。内疚不是目的，当你感到内疚的时候，它是在提醒你要用行动去弥补，而不是仅仅说"对不起"。如果你经常说"对不起"，时间长了，你自己都麻木了，但是你心里的内疚依然没有处理好。

有一天早上，我先生发脾气，因为前一天晚上厂家给他打电话，说话很难听，他受到了影响。孩子不小心滑倒了，他居然说了一句"活该"。我很纳闷，不知道他为什么说这么难听的话，但我没理他。后来，我去上班，他给我发了条信息："对不起老婆，我这两天心情不好，一不小心就没有控制住自己的脾气，我很内疚。"我对他说："给你点个赞，你现在能觉察自己的情绪了，不错。但我要的不是内疚，而是你有所行动。不如这样吧，星期天带我和孩子去吃烤羊肉串。"只将内疚停留在嘴上是不行的。如果你经常因为工作做不好而内疚，那就去努力工作；如果你因为对孩子照顾不到位而内疚，那就放下手机，拿出时间来照顾孩子。

第七种，**恐惧**。很多女人总是会恐惧，缺乏安全感。恐惧的原因是什么？可能是担心孩子考不上好学校，可能是担心老公会出轨，担心爱人承诺的东西不能兑现。既然你有所担心，就去面对它。如果你担心孩子考不上好学校，那你现在就给他报一个补习班。如果你担心老公对你不好，可能会出轨，那你就盯紧一点，对他多一点欣赏和夸奖。还有一点很重要，就是要学会自己赚钱。

负面情绪背后的正面动机

悲伤： 悲，非心，不是我想要的。

焦虑： 正在发生的不确定性事情，背后是恐惧，是想逃避，和目标相反。

讨好： 背后是索取和指责。

愤怒： 不公平的对待，不可控的事情，害怕失去。我在害怕什么？

自卑： 不如别人，他有我没有，我很想要；不想要就不会自卑，背后是有一种动力。

内疚： 伤了别人，感到愧疚；去弥补，而非说"对不起"。

恐惧： 告诉你不安全，你要保护我，谢谢你提醒我，我会注意的。

如何管理情绪

理解了不同情绪背后的正面动机，我们就有办法积极地管理自己的情绪了。负面情绪并没有想象中那么可怕，只要正确引导，就能战胜。

负面情绪的保护作用

在人际关系中，有一种非常可怕的表达方式，就是一味地用负面情绪来表达自己。所有的负面情绪一定会带来负面的行为，最终会产生负面的结果。什么是负面情绪？比如，担心、害怕、焦虑、愤怒、痛苦、煎熬等。当婚姻中有负面情绪的时候，一定有一方处在痛苦中，他会抱怨、逃避、冷暴力、挑剔、鄙视。当有了这些负面行为的时候，婚姻就会进入磨合期。

其实负面情绪来临时，千万不要怕，因为它是我们每个人的原始本能，本能是来保护我们的。负面情绪有两个非常重要的保护作用。

第一个保护作用：当负面情绪来临时，它是要告诉你，你内心有期望没有被满足。

举个简单的例子。2018年8月2日，我刚刚生下孩子，而8月11日是我的生日。很多人都有产后抑郁症，对于照顾孩子毫无经验，焦头烂额。不仅身体上承担着痛苦，心理上也受煎熬，就觉得无法接受。虽然我有了孩子很欣喜，但是我的生活怎么办？接下来的工作怎么办？我很焦虑。同时，我有一种期望，因为我快过生日了，我先生会怎么对待我？我认识他的时候，告诉过他我的生日，他也给我过过生日。我想这次，他一定会给我买一大束鲜花，一定会给我惊喜。我生孩子很不容易，他一定会这样表达对我的爱。但事实上，我生日那天，一直到夜里12点，我先生都没有任何表示。我当时非常愤怒、伤心，还非常痛苦。

生日后的第二天，我基本上是在痛苦中度过的。但是我先生不知道，我不想让他察觉到，因为我当时想对他冷暴力——不跟他说话。这种负面情绪缠绕了我整整两天。负面情绪的存在，让我明白自己内心的期望没有被满足。我不会苛责自己，它对我起到了一种保护作用。

第二个保护作用：我们能找到负面情绪背后的正面动机。比如，悲伤的出现是告诉我们要珍惜；焦虑是因为我们没有做好，提醒我们要做得更好。在面对这些情绪，找到它背后的正面动机后，想办法采取行动，负面情绪也就会随之消失。

正确应对负面情绪的步骤

怎样才能不被负面情绪带着走？怎样才能做自己情绪的主

人，管理好自己的情绪？第一步，最重要的，就是要觉察自己的情绪。比如，我因为生日没过而痛苦了两天，第三天我就明白了，这样也不是办法，对我自己不好。第二步，要找到负面情绪背后的正面动机。我为什么会愤怒？是因为我希望我先生给我买礼物，我的期望没有得到满足。那么，这背后的正面动机是什么？就是我期望他记得我的生日，期望他重视我、爱我。找到了正面动机之后，要能够勇敢地面对情绪，想办法解决问题，满足期望。

第三天，我鼓足勇气找我先生聊："前天是我的生日。"他说："真的吗，老婆？我以为是下个月。对不起。"他很惭愧地说了好几个"对不起"。他说小孩太小了，他担心晚上阿姨的手会压着孩子，所以总会半夜起来，看看阿姨的手，听听孩子的呼吸声。他把焦点放在了初生的孩子身上，真的忘记了我的生日。我突然就明白了，其实事情并没有对和错，而是要看我们如何去定义。如果我定义为他不爱我，他不给我买生日礼物是不重视我，那我就会认为他错了。他没有满足我，我就会愤怒。跟他聊完以后，我发现他是为了照顾好孩子，为了减轻我的压力，没有让我抱孩子，也没有让我给孩子换尿布，他是换了一种方式来爱我。他只是忘了我的生日。我突然间就释怀了，告诉他："我这两天非常痛苦，以后所有的重大节日你都要记得。"他说："好，我一定记得。"我正确地表达了我的想法，而不是表达我的情绪。我很平静地表达了自己想要的东西，而不是被情绪带着走。

为了防止他忘记，我告诉他，以后凡是我要过生日，我都会提前告诉他，让他一定要把那天的时间留出来，推掉一切应酬。

事实上，孩子出生后这几年来，凡是过妇女节、情人节、生日和结婚纪念日，我都会提前一个星期告诉他，再提前一天提醒他。他总能把所有的应酬全部推掉。

当你觉察到了你的情绪，找到它的正面动机，找到你背后的期望是什么的时候，你就能勇敢地采取行动了。当你把这个问题解决了，满足了自己的期望时，其实你已经进入了摆脱负面情绪的第三步。

第三步，就是放下负面情绪。有的女性从来不表达自己的情绪，也从来不解决问题。她逃避自己的负面情绪，把它压在心里，以为负面情绪被压下去了，事情就过去了，其实并没有。过一段时间，另一件与这件事相似的事情发生了，没有满足她的期望时，她的怒火一下就出来了，她会老账、新账一起算。她老公会觉得："你怎么了？为什么这件事情过去很多年了，你还拿出来说？""这本来是一件小事，你为什么莫名其妙发那么大的火呢？"她所有的负面情绪都被压抑了，此刻突然间被唤醒了。所以，要学会面对负面情绪，真正解决问题，然后才能放下它。

最后一步，当你发现自己能够放下情绪，解决问题的时候，别忘了给自己奖励。比如，给自己做一顿好吃的，或者买一件新衣服。如果你能不断地正向循环，觉察情绪，找到背后的动机，找到没有满足的期望，并解决它，放下它，你会发现自己不知不觉间就成了一个情绪稳定的人。一个女人有好的情绪，是对自己最大的爱，是家里最好的风水，是孩子最好的福报，也是夫妻间最好的保鲜剂。所以，不要被负面情绪带着走，而是要正确地处理它。

管理负面情绪的几点提醒

一个女人的成熟比成功更重要，能够控制住情绪是一个人成熟的标志。

第一，不要逃避。比如，我告诉你，"不要想一只红色的大象"，你脑子里会全是红色的大象。很多东西我们无法逃避。与其逃避，不如面对。

第二，把注意力放在更重要的事情上。每天纠结孩子上学的问题，不如把注意力转移到多陪伴孩子、多学一些理解孩子的心理学知识这样的事情上，做更有意义的事情。

第三，可以写出最坏的结果。除了生死，一切都是小事。如果你担心孩子的学习不好，那最坏的结果是什么？就是考不上一个好的大学。你能不能接受？如果孩子真的考不上好学校，他只要能够大学毕业，能打工养活自己，将来成家，有个家就可以了。这样一想，你会发现这个最坏的结果，你是能接受的。

第四，把焦虑变成优势和资源。如果我的孩子资质很普通，我怎么计划都没有用，焦虑也没有用，怎么办？如果孩子真的很普通，我也要接受他的普通。孩子也许不能够陪在我身边，但会拖家带口回来看我，这难道不是一件好事吗？这样想，总比焦虑好。

第五，要跟情绪对话。比如，觉察情绪。我的孩子5岁时，一天早上说他不想去上学了。其实我很焦虑："5岁就不想去上学，十几岁的时候怎么办？"我当时已经觉察到我控制不住自己的情绪了，我担心他未来不喜欢上学怎么办。我对自己说："何必那么担心呢？"我将自己的情绪淡化，告诉自己，"与其担心不如面对，不要急，未来还远着呢。"我把孩子拉到洗手间，很认真地看着他。我说："宝贝，你可以不去上学，但是不上学，你身上就没有能量。你没有能量的时候，如果想吃麦当劳，可能就不行。人家说，没有能量的人是不能吃麦当劳的。你不是最喜欢看孙悟空吗？孙悟空要跟有能量的小朋友一起合影。如果你没有能量，他就不会跟你合影。"他说："妈妈，真的吗？那我去上学。"于是，他很开心地去上学了，走在路上一蹦一跳的，问题迎刃而解。当你觉察到自己情绪的时候，或许你就没有了情绪。

如何面对他人的指责

我们再来看看如何面对别人的坏情绪。当别人指责我们时，我们该怎么办？很多人为什么害怕突破，为什么一直在舒适区里？就是因为害怕别人笑话，害怕别人指责。"你为什么老是这样？""你为什么就是不听？"……我们经常受到别人的各种指责。

当别人指责你的时候，比如老公嫌弃你家务做不好、上司嫌弃你业绩不好、同事嫌弃你没有帮助他的时候，你该如何面对？如果不能好好面对，别人指责你一次，你就弱小一次、胆小一次，你就会不断害怕，没有自信，陷入"我不够好"的负面情绪中，活不出自己。一个女人如果没有了自信，就活不出朝气蓬勃的感觉，她的能量也就发挥不出来。

我们讲过，要觉察负面情绪背后的正面意义。当别人指责你的时候，背后是什么？其实很简单，所有的指责背后都有期望，其实是对方对你的期望没有得到满足。当期望不被满足的时候，对方就有了情绪，通过指责的方式来让你改变。比如，你老公嫌家里太乱，嫌你做的饭不好吃。其实他是对你有一种期望，期望家里整齐一点，期望你做饭好吃一点。我有个粉丝说，"我老公看我不顺眼""我上司看我不顺眼"。我告诉她："看你不顺眼，还好。"因为爱的反义词不是恨，而是冷漠。如果你的老公、上司、朋友指责你，说明对方对你还有期望。如果有一天，对方懒得理你了，说明你在他的世界里一点都不重要了，他对你已经绝望了。当别人指责你的时候，你要想想他指责你的背后是什么——期望你做什么。因为只有期望得不到满足的时候，对方才会指责你。

同时，问一问自己："我对他人的期待是什么？"很多人指责自己的老公："你怎么天天不回家？跟你喝酒的都是狐朋狗友，没有一个好东西。"听到这样的指责，想一想，这样说的人期望什么？很简单，希望老公早一点回家，希望和老公一起吃晚饭，而不是老公在外面喝完了酒、打完了麻将才出现在家里。

期望得不到满足的时候，人才会指责别人，这就是负面情绪背后的期望。当你"看到"这份期望时，会觉得吵架不一定不好，被批评也不一定不好。期望是为了满足内心的渴望与需求。如果你的期望没有被满足，你就会很失望，会抱怨。比如，你期望老公经常告诉你他很重视你，如果你的期望没有得到满足，你就会失望，会抱怨。又如，你期望过生日的时候，老公送你一份礼物。如果他给你送了礼物，那你的情绪就会很平和。这在你的期望之内，你可能不会太惊喜。但是如果之前每次你过生日的时候，你老公都忘记了，这次过生日，他给你买了一束花，说"老婆，你辛苦了"，你会受宠若惊。当现实超出你的期望时，你的情绪会变得激动。

期望与情绪的关系

期望是为了满足内心的渴望和需求
期望被接纳和被重视=生命力得到滋养=好的情绪、行为、语言=好感受

如果别人经常指责你，我给你几个建议。如果你老公经常说"你不要总是这么做，我跟你说了多少次了"，你就问他："我想知道你不要我这么做，是想让我怎么做？"也可以很平和地问他："老公，你说我做得不对，请问我怎么做才是对的？我请教你，要不然我怎么做也不能让你满意。我怎么做，你才觉得满意

呢？"耐心地跟他沟通，还可以说："我真的没听懂。你可不可以再讲一次？"

以我为例，我每星期都会跟我的老板开会。有一次，我老板问我："你有没有跟和你类似的团队去比，为什么他们做得好，你们的差距在哪里？"我就分析了自己的想法，分析完，我问他："那我请教一下老板，站在您的角度，您觉得我们的差距在哪里？"他讲了一会儿，我说："不好意思，我没听懂，您能不能再讲一遍？"他很耐心地又跟我讲了他的分析，之后问："这样你听懂了吗？"我说："我听懂了，谢谢老板。"当你的上司给你布置一个任务时，如果你没听懂，可以说："您能不能再表达一次？""我来表达一下，您看看是不是这样的。"你要确保你和上司的期望是一致的。

还有一种人，天生就喜欢吹毛求疵，但有时候你又不得不和他相处。你要知道他骨子里的期望，他指责别人的目的是想显示自己很重要、很厉害，这就是指责型人格。如果他是你的老公，怎么办？面对指责型人格的人，首先要顺着他，你可以说"我听到了，我知道了，我看到了""我很重视你说的话，每句话我都听到了"。然后，要学会拒绝："这是你想要的，和我没关系。""对不起，我做不到。""你不要这样要求我。"拒绝别人才能产生力量感。不管你怎么做，指责型人格的人都会觉得不满意。当你忍无可忍时，要离他远一点，离得越远越好。他看不到你，也就没法指责你了。

如何快速调整情绪

人生不总是一帆风顺的。有时，我们不得不面对一些挑战，甚至要面对失败。这些情况，都考验着我们掌控自己情绪的能力。

面对挑战如何快速激活能量

面临挑战的时候，要想办法激活自己的能量。此时，人们通常会焦虑、害怕、紧张，这都很正常。这些负面情绪的背后是什么？就是"我不知道自己能不能做好，不确定我能不能掌控局面"。比如，要做一场演讲，你心里很害怕，担心讲不好会被人笑话。这时应该怎么办？面对挑战如何快速激活能量？接下来，教你五个方法。

第一个方法，正念暗示。不要说"我不要""我不行""我好紧张""我好害怕"，不要说这些，而是要暗示自己"我可以""我做得到"。

第二个方法，多做运动。比如，一个经常运动的青春期的孩子抗压能力会非常强，专注力更强，负面的情绪也会更少。运动可以分泌更多多巴胺，提升抗挫折能力。

第三个方法，深呼吸。很多人在上台之前，会深呼吸三次，这是在快速激活能量。

第四个方法，抚摸自己的身体。很多人会搓搓手、搓搓脸，这样可以让能量快速激活。

第五个方法，倾诉或者搞笑。可以跟身边的人倾诉："我压力好大呀，怎么办？"身边的人会告诉你："不要怕了，你看你长得这么漂亮，平常说话这么好听，你一定可以的。"只要你跟别人倾诉，自己的压力就输出去了。还可以看一些搞笑的片子，多用一些幽默的语言，这样你就可以让自己的能量快速激活。人一笑，压力突然间就小了。

面对挑战的时候，要想快速激活能量，可以用上述五种方法。

面对失败如何快速走出焦虑

失败后，人的负面情绪会很多。人们经常说，"失败是成功之母"，但在现实中，极少有人能像爱迪生那样，实验上千次，最后发明灯泡。他是一个伟大的发明家，但是对大部分人来说，成功才是成功之母。这一点，我们前面讲到过。回望过去的那些小成功，让自己更加自信。

当你失败了，没有达到预期时，你会有负面情绪：比如很失落，"准备了好久，却没有做好"；比如很恐惧，"别人会怎么看我"。我做直播也是这样，当播放量少的时候，我就会陷入焦虑中："人家都有能力做好，为什么我没有这方面的能力呢？"当你这一次完不成任务的时候，你要告诉自己，一次失败并不代表终生都失败。没有失败，哪来的成功？失败不可怕，你要看到它背后的正面意义。面对失败，要快速进行自我调整。我分享以下四种方法。

第一，为下一次的成功做充分的准备。这一次没做好，下一次要在心理、专业、方案、资源的配合上，全部准备好，你就不会再失败了。

第二，不要逃避。很多人失败后会逃避，把自己封闭起来。我以前是做业务的，招聘了很多人。我发现，如果一个员工的业绩不好，他就总是请假。如果一个人连续请假两次，我就知道他有 90% 的概率要离职。因为业绩不好，他就开始逃避，最后不想面对这份工作，不想面对领导，不想证明自己是失败的，就会换一家公司。换了一家公司后，他又一次次地失败，完全没有成就感，只好再换工作。这样的人会越逃避越焦虑，什么都做不好。慢慢就形成了恶性循环。

第三，要勇于面对问题。比如，多和有成就的人在一起，听他们讲自己是如何面对失败的。员工入职时，我会让业务经理和做得好的业务冠军跟新员工分享经验。既要分享他们做得好的经验，也要分享他们做得不好时是怎样调整自己的。新员工听到之后会想："业绩这么好的销售冠军，原来也有做不好的时候。"等新员工将来有一天业绩不好时，他就不会那么焦虑了。他会想："公司的销售冠军也有业绩低迷的时候，他们都能够想办法调整，我也可以。"其实每个成功的人都有过失败的经历。要多和那些成功的人在一起，多问问他们是怎样调整自己的。他们一定不会跟你说自己有多厉害，反而会告诉你他们那个时候有多苦，自己是怎么坚持下来的。成功的人都希望通过自己的经历来证明自己现在是非常厉害的。

第四，要多和家人在一起，享受亲情带来的能量。这一点，我非常有心得。由于疫情的影响，我先生做了30年的车行宣布关店了，可以想象他有多苦闷。疫情期间，传统行业中很多以前收益不错的企业家，其实过得都很苦。你知道我先生是怎么过来的吗？因为我们的孩子非常可爱、好玩，他带着孩子玩，不知不觉就坚持过来了。用他的话说："这几年，如果没有儿子的话，我会过得非常郁闷。"因为他是一个非常要强、想成功的男人，他赚钱的欲望是别人的1000倍。但是，我们一家人在一起，有我和孩子，他就从失败中完全恢复过来了。

面对难关如何提升抗挫能力

面对没有完成的事情，还要多做总结，多完善计划。月有阴晴圆缺，人有旦夕祸福。我们的人生中会遇到各种难题，提升抗挫能力，你很快就能东山再起。

抗挫力，包括挫折容忍力和挫折超越力。挫折容忍力，也叫"容挫力"，就是忍受挫折、不肯退让的一种心理力量。但容忍力是消极的，应该当忍则忍，不要一味容忍。挫折超越力，是超越挫折、积极进取的一种心理力量。它是积极的。遭受挫折时，不要单纯地容忍，还要面对困难、保持希望、树立信心，变被动为主动。挫折容忍力和挫折超越力是连续的统一体，体现着一个人心理状态的健康和成熟程度。当困难出现时，如果你克服了困难，就代表你的能力提高了一次，这才是最重要的。拥有抗挫能力，就能逆风翻盘。卡耐基说，"人身处逆境时，适应环境的能力是惊人的"。人既可以忍受不幸，也可以战胜不幸。如果你经常想不开，就需要提升抗挫力。

永远不要忘记，你身上有一种非常惊人的潜力。只要你努力挖掘，尽量发挥，就一定能渡过难关。困难来了不可怕，可怕的是你不相信自己能够克服困难。如果你想提升孩子的抗挫力，想让他在青春期的时候不为了一点小事就想不开、寻短见，就要让他做到两点。**第一是动耗**，就是不断地训练，自我挑战。可以让孩子打篮球、学跆拳道、游泳等。**第二是静耗**，就是很多人所讲的冥想。经常打坐，或者跪坐。可以试一试，你也许能轻松地跑40分钟，但可能跪不了40分钟。当你坐着冥想时，你也可能坐不了40分钟。你的脑子里一分钟会有无数个想法，这会消耗你的能量。之前开年的时候，我带着学员学习了跪坐《大学》礼法。我跪坐了10分钟就汗流浃背。这种静耗的方法也能够提升人的心力。

为什么特种兵要进行那么多训练？面对未知的恐惧、未知的突发情况，如果他们没有专注力和抗挫力，那么敌人一来，他们就吓跑了，肯定不行。执行命令的时候，他们要面临各种不确定的特殊情况。他们要能够不断地克服困难，完成任务。通过不断训练，能增强他们的抗压能力和专注能力，拥有面对未知的恐惧的能力，这属于动耗。

另外，要好好休息，因为休息是为了更好地做事。如果你太累了，躺平也是一个很好的办法。

如何战胜社交恐惧症

女性如果想过得幸福，就要处理好自己的社交关系。在现在的社会中，有些人有社交恐惧症。怎样战胜社交恐惧症呢？分享六个方法。

找到社交的意义

为什么要社交？如果你不知道自己的目的是什么，那你永远都会害怕。社交的目的可以是开阔眼界，也可以是打开工作的局面。社交才能遇到贵人，才会有人帮助你，你才能找到更多机会。找到社交的意义，你就不会害怕了。

改变自己的形象

如果你的形象很差，你出去社交时，别人会对你的印象不太好。这个世界很现实，没有人愿意包容你。前面我们讲了，试着把自己打扮成成功者的模样。当你穿得很体面、很优雅地站在别人面前时，即使你不说话，别人也会找你交换名片。他会说："互相认识一下，你是做什么的？"改变自己的形象，当别人围着你转时，你就会有自信了。有了自信，你就不会再有社交恐惧症了。

提前做好准备

比如，我们经常举办资源交流会，参加的人都要提前准备好。在交流会上，每个人都要用 30 秒来介绍自己。如果你没有准备，介绍自己的时候很啰唆，别人看你的眼神就会很不友好，因为你耽误了他们的时间。准备好，用 30 秒的时间介绍"我是谁""我有什么产品""我能给别人带来什么"。自己写一篇稿子，不断地删减，然后把确定的稿子背下来。讲话的时候，把语气词去掉。站着的时候，一只手拿话筒。女孩子要注意两脚并拢。如果你紧张，可以在手里拿一支笔。如果你准备好了，就不会那么焦虑了。

做好社交练习

熟能生巧，因此要做好社交练习。多去参加一些活动和聚会，观察别人的眼神和语言，观察他们的言行举止。你看得多了，自然就懂了。即便你不是画家，但如果经常看别人画，现在让你画一只鸟或一头猪，你也能画出来，因为你见得多了。所以，多去参加一些活动和聚会。第一次，你可以不说话。第二次，也可以不说话。见得多了，你会在不知不觉中，学会怎样交际应酬。一定要多参加社交活动，很快你就会摆脱社交恐惧症了。

懂得人性弱点

此外，要懂一些人性的弱点。如果你不懂人性的弱点，也可以看看《人性的弱点》这本书。人都是以自我为中心的，每个人都觉得自己是重要的人，大多数人都觉得自己是漂亮的人。心理学家做过一项调查，让人们给自己的容貌打分，95% 的人都认为自己的长相中等偏上。所以，社交的时候多笑笑，多欣赏、夸奖别人。这样做，你会遇到很多贵人，特别是当你的圈子里都是成熟女人的时候。"成熟女人"不是贬义词，她们是"久经沙场"的人，是很老练的人。她们一眼就能看出你有几斤几两。不要做什么小动作，要保持矜持、低调，见面就夸别人，不要夸夸其谈地讲你自己，别人根本不想听。

学习沟通技巧

最后，要多学一些沟通的技巧。比如，要学会好好说话。多看一些书，多上网搜索沟通的方法。如果你不会沟通，只需要做到一点：看着别人，听别人说话，然后点头，说"哇，讲得真好，我从来都没有听过"。如果这句话也说不出来，你就不说话，眼睛看着对方，经常点头，表示对对方的欣赏。

以上这些方法，不要只是自己想象，要多行动。只会想象的人，是无法得到机会的。

如何建立或进入有价值的社交圈

要想让自己的人际关系变得更好，就要想办法建立或进入有价值的社交圈。一个女人如果想在婚姻里和职场上有主动权，或者在社会上有贵人提拔，归根结底只有一点，就是要有价值。我所说的主动权，不是说你要掌控全局，而是在社交中，你能不被动、不讨好，找到价值感和自尊感，这样就已经很好了。前提是，你要学会让自己有价值。什么是有价值？就是有用。你只有有用了，别人才能用上你，别人用了你，你才能去用别人，这叫作"价值交换"。价值交换有一个前提，就是双方的价值要平等。在很多婚姻中，女人一味地付出，男人却觉得这个女人很啰唆、爱抱怨，女人做任何事都不被理解。这是婚姻中，女人最大的痛点。女人做的事，自己认为有价值，对方却觉得女人提供的东西不是他想要的。所以，价值除了有用以外，还要平等。平等才能够进行价值互换，价值互换了，就完成了一个共赢的"能量纠缠"。

在婚姻中，一个人有三大价值，只要找到其中一种，把它用到欣赏你、需要你这种价值的人身上，你们就能有非常好的价值互换。如果你在他面前有价值，就可以要求他为你创造价值。

婚姻是需要夫妻二人合伙经营的，只有两个有价值的人不断交换，不断认可彼此的价值，夫妻双方才能共赢，婚姻才能长久地经营下去。

那么，价值有哪三种？你可以自测一下，看看自己有哪种价值。

第一种，情绪价值。一个女人如果有比较稳定的情绪，就不会很快进入负面状态。即使有负面情绪，她也能自我觉察，管理好自己的情绪，让自己很快从负面情绪中走出来，也可以给别人提供稳定的情绪价值。比如，很多心灵成长的老师，总能通过与人沟通和讲授课程，让人从阴影中、从人生的至暗时刻中走出来，这就是这样的老师的情绪价值。

请问，你的情绪稳定吗？你有没有一种能力，让别人具有稳定的情绪？如果有，那你身边会有很多朋友，你的家庭也会更稳定。前面讲过，一个女人的情绪稳定，是对自己最大的爱，是家里最好的风水和福报。

第二种价值，哺育价值。生育和抚养子女，为孩子提供健康成长环境的能力，是非常重要的。

第三种价值，社会价值。社会价值就是在社会生活中，能为他人提供服务的价值。比如，你有很好的圈子、很好的工作、很好的人脉，或者你能赚很多钱，这就叫很好的贡献。

对于女人，我们主要来讲第一种——情绪价值，因为这是一个女人最重要的价值。

女人天生想获得爱，想建立亲密的情感关系、亲子关系、婆媳关系。要想办法处理好这些关系，最重要的就是情绪价值。如何建立或者进入一个非常有价值的圈子？如何运用自己的情绪价值，让身边的人拥有一个非常好的正能量的圈子？有以下几种方法。

放下焦虑

有的女人害怕自己不会社交，进入圈子本身就让她感到害怕。要知道，要进入一个提供情绪价值的圈子，这个圈子里的人有很多都是痛苦的、有问题的。即使你没有问题，如果你希望自己更幸福，那么你可以通过学习和成长，让自己更有能量感。

你要想："别人进入这个圈子是想让自己变得更好，我进入这个圈子也想让别人变得更好。大家都有所求，既然我们同频，那么我就要放下焦虑。我要让自己变得更好，成为一个更通透的女人。"所以，在建立圈子或者进入圈子之前，不要焦虑，不要害怕，大家都是平等的。

提供价值

圈子最大的优点是大家都想提供情绪价值，都想去学习，所以它也是一个非常好的学习圈。圈子里可能有老师带队，也可能有一些高人。"三人行，必有我师焉。"要尽可能大胆地去接纳这些人。要享受接纳别人和被别人接纳的平等感和安全感。我的学员圈子，一开始每个人都有些焦虑，后来大家都成了好姐妹，因为大家有相同的经历和愿望，有相同的努力和决心。

要记住，想让圈子接纳你，除了决心之外，还要让自己有价值。你的价值是什么？比如，你能包容、接纳别人，愿意倾听别人。如果你能让对方有安全感、被接纳感、被欣赏感，让对方有一种自尊感，你就会有一批忠实的粉丝，因为人生最大的痛苦源于不被理解、不被看见。突然有一个人理解我们了，这个人的圈子就会越来越大。

借助关系

用什么方式找到你想进入的社交圈？教你一个方法，就是要找关系。

首先，你可以找一个强关系。找你身边强圈子的明师，让他带着你。比如你的朋友、老师或者同学，你觉得这个人不错，工作很有成就，人很和蔼，他还很愿意帮助别人，那么他给你带来的关系也会不错。可以通过他进入他的圈子，让他给你指点迷津。要找到已经获得成就的人，向他学习，这是最快的成长路径。

其次，你可以找弱关系。你可能跟这些人不熟，也不了解他们，但是你知道这个圈子里的人都是同一类人。比如，你要参加一个读书会，或者一个线上的课程，参加者的目的都是一样的，都是为了提高学习能力，成为更好的自己。

进入了这样的圈子，圈子里会有老师和助教，也有很多学员做义工，有利于你学习和成长。慢慢地，你会从这里找到一些有缘人：那些给你的感觉比较舒服的人，能够让你一下子顿悟的人，以及能够倾听你、跟你共情的人。

价值社交

接下来，要学会维护关系。其实所有的社交圈子都需要维护。如何维护呢？比如，逢年过节打个电话、发条信息，或者把家乡的特产寄给对方，经常送一些伴手礼。礼轻情意重，伸手不打笑脸人。要经常维护这些情感账户，让别人觉得你很用心。如果有机会，还要定期跟他们见面。

人生在世，朋友不需要很多，四五个就够了。有可能其中的两三个人能把你从泥潭里拔出来，让你飞黄腾达。总之，要找到你的恩师，找到有正能量的人。

另外请注意，很多女性好不容易从低谷中走出来，却一心想着怎么建立圈子，怎么进入向上的社交圈，怎么让贵人提拔自己，永远在研究别人，从而迷失了自己，又变成了自卑的、讨好他人的人。

这样，等于从一个泥潭里出来，又掉到了另一个泥潭。所以，切记不要去研究别人喜欢什么，而是要研究自己有什么，把你的亮点展现出来，让那些欣赏和需要你优点的人看到，然后给你提供你想要的，比如你需要的好的圈子，或者好的事业。不管你要什么，你要找的是价值，你的价值和对方的价值有一种同频的交换。你需要的是这样一种平等的关系，而非不断地去研究别人，让自己的能量下降，从而迷失自我。

只要你能够做到克服恐惧，找到一个有能量的圈子，然后不断维护关系，建立自我价值，把自己的价值展示出来，跟别人进行平等的价值交换，你就会在不知不觉中有了一个非常好的有价值的圈子。

向上破圈

向上破圈，是最常见的破圈行为。它既很容易，又很难。如果你不知道其中的奥妙，就算你"转过"100个圈子，也做不成一单生意，找不到任何一个贵人帮助你。

怎样才能向上破圈？

第一点，要有一个原则，学会看人。所谓"见人说人话，见鬼不说话"，不是虚伪。比如，面对蓝色性格的人，你夸奖他，他会很疑惑。他会想："你的目的是什么？""你到底想干什么？"学习多了，你就会知道饭桌上那些说话的人到底是哪种性格。如果有一个人喜欢说话，总是不停地发言，他大概率是一个红色孔雀型的人。对待这种人，你只需要不抢他的风头就好。可以夸奖他，"你很帅""你太有魅力了""你太成熟了""你说的这些，我都没有听过"。

看懂对方，对症下药。在什么山唱什么歌，见什么人说什么话，你才能够向上破圈。

第二点，先舍后得。如果你想得到对方的爱，请先舍得去欣赏、夸奖、认可他。比如，在卖化妆品或卖衣服的时候，售货员会让顾客免费试化妆品或者衣服，这样顾客购买的可能性会大大提高。大舍大得，小舍小得，不舍不得。要想破圈，在一个陌生人的圈子里有一席之地、有贵人相助、有高人点悟，你必须舍得付出，而不是仅仅在口头上夸奖对方。要舍得你的时间，见面时要给对方留下干净、有礼的好印象。在加完对方的微信后，你要先介绍自己。第二天到两个星期的时间里，可以去拜访对方。很多人半夜给我发信息："在吗？"这样非常不礼貌。所以，微信沟通的时候严禁说"在吗""方便吗"这种话。还要舍得付出物质价值，就是要舍得常备伴手礼。我先生就是这样，无论是第一次见客户，还是第二次见客户，伴手礼都随时放在车上，礼节做得很到位。女人想向上破圈，也要常备伴手礼。

第三点，要给别人提供情绪价值。跟大佬不谈钱，谈对方是如何成功的，谈你由衷地欣赏和肯定他。2006 年，我刚做业务时，面对的都是老板，想让他们到我们这儿来学习。沟通的时候不知道说什么，可以试试最简单的"三板斧"。

第一句："王总，您觉得今天的课程还好吗？"他说："还好吧。"

第二句："那请问，您觉得接下来要买课吗？"

第三句："那好，您现在就签个单吧。"

如果这个客户不签单，第二天就要到他公司去谈。当时，我的经理经常告诉我，我什么都不懂，人生经验不多，要钱没钱，要人脉没人脉，跟老板谈的时候，就问这个老板："请问您是怎么成功的？"经理说，所有的老板都喜欢这句话，因为给他们提供了情绪价值。我学会了，就对客户说："王总，您是我见过的最成功的人。您这么成功，要不要培养更多员工？要不要让您的公司更加成功呢？要不您就买我们的课程吧。"这种提供情绪价值的方法，在销售中有奇效。

第四点，切记不要玩心眼。和大佬在一块儿时，如果你想获得贵人相助和高人点悟，就不要玩心眼，因为你玩不过。人品非常重要。举个例子，我先生的车行关闭后，他找了一份工作。他现在的老板是一位德高望重的老板，70多岁。我先生本来想代理他们公司的产品，因为这个公司的产品技术不错，但是这位老板看上了我先生。他说："小张，我一看你脸上的沧桑，就知道你一定有故事。"他见我先生第一面，我先生就把自己的背景都说了。在他面前，我先生从来不玩心眼。别人的资产是别人的，别人的地位是别人的，永远不要想越级得到更多的东西。半年之后，这位老板请我先生到他们公司上班，我先生考虑之后答应了。他再见到我先生，说的第一句话就是："小张，我观察你半年了。"大老板观察了我先生半年时间，看他到底靠不靠谱。所以，不玩心眼，有好的人品，是非常重要的。

第 3 章

实现目标，
你的时间够用吗

———

如何做好目标管理

　　每个人都有自己的目标，相信你也有。我们都在为自己的目标而努力，这不是空谈。当然，我们也要讲究目标管理的方法。

与目标做朋友：方法篇

　　如果想实现目标，就要进行目标管理。想一下，为什么一些人生目标到现在还没实现？有的人是因为懒惰，有的人是没有方法，有的人是没有毅力，有的人是安于现状。

　　如何管理好我们的目标？每天进步一点点，最终就能实现目标。再教你一个方法，就是与目标做朋友。

我的目标是	我的收获是	我要付出的是	我可能遭遇的是	面对遭遇，我的方法是
物质 工作 精神 家庭	利益 成长 成就感 亲密关系	时间 金钱 人力	压力 风险 责任 后果 负面情绪	怎么处理

比如，把你的目标分成上页表中的五块。

第一，目标是什么？

第二，收获是什么？

比如，你希望收获的是理想的收入，还是不断有成就、不断成长。

第三，代价是什么？

做好一份工作，要付出时间。如果你没有时间努力付出，没有时间深耕细作，那么这份工作是不会成为你的好工作的。你可能还要付出点成本，请别人吃饭，请别人帮助、支持你。

第四，困难是什么？

一份工作，要想持久地做下去，你可能会面临很大的压力。如果你完不成工作，上司就有可能辞退你。如果这份工作没有了，你接下来的几个月可能都没有收入，你可能会陷入负面情绪，可能很痛苦、有挫败感，也可能会后悔："我为什么要找这份工作？"

第五，方法是什么？

最后一件事，就是要明白，面对这种问题，有什么办法去处理。你只能会顶住压力，或者向朋友倾诉。有畏缩、担心工作做不好的负面情绪怎么办？就要告诉自己："我不尝试，怎么知道这份工作能不能做好呢？万一我做好了，会不会更有成就感呢？"如果你几个月都没有工作，没有收入，怎么办？你可以平时多存点钱，预留 3 ~ 6 个月的收入，存为活期存款。这样做，当你的工作不合适时，你就不会陷入窘迫的状态了。

无论是你自己的目标，还是你孩子的目标，都可以用这个方法来拆解。有人曾对我说："我的目标是让我的家庭变得和谐，让我的老公对我好、给我钱、有时间陪我。"好，可以把它定为你的目标，那你的收获是什么？收获的是亲密关系，以及给孩子一个好的成长环境。

那么，你要付出什么？比如，你哄一下你老公，"老公，你是最棒的"，他就马上把所有的存款都给你，这可能吗？不可能。你要付出耐心和时间。你还要学习，学一学高情商的表达，了解你老公是哪种性格，揣测他心里是怎么想的。你要知人、知面、知心。

可能你老公根本不理你，对你不好，你还是没有得到你想要的东西。在这种情况下，你会陷入负面情绪中，会觉得："天下没有一个好男人，我付出这么多，我老公却不爱我。"你会有失落感。这种情况可怕吗？不可怕。人除了生死，都不是大问题。如果你老公对你不好，你就慢慢地、有耐心地跟他建立信任，让他觉得你是发自内心地为他好。如果他不信任你，对你翻白眼，怎么办？你可能会很难受，那就告诉自己："我还没有得到老公的心，说明我做得还不够，我暂时忍一下。"

还有一种情况，就是无论你怎么做，你的老公都看不上你。那么最后的方法，就是离开他，尤其当你是全职主妇的时候。你付出了这么多，你的老公还这么对待你，那这个男人值得你留下吗？你无法得到他的心，与其这样，不如离开。你可以拿时间换空间，可以让你老公在一段时间里持续给你生活费，然后存好，等哪一天你要跟老公说"再见"了，最起码一段时间的生活费能够养活孩子，还能够让你用几个月的时间找一份工作。

再教你一个方法，可以让你在实现目标时变得有力量，不再害怕。我们把目标分解成了五块，其中最重要的是第四块——

你最可能的遭遇，把它写出来。你会发现，只不过是得不到老公的心，可以再努力；只不过是工作丢了，可以再找；只不过是别人"看不到"你，失败了可以重来。所有难题对你来说都不过如此。人有很多痛苦和担心，是因为我们把难题放得无限大，好像做不好就无法面对这个世界，无脸见江东父老。其实，实现目标以后，我们会发现不过如此，失败了可以再来，婚姻过不好就离。这样一想，我们就不会再害怕了，因为曾经尝试过，为此努力过。

以上，就是与目标做朋友的方法篇。

与目标做朋友：心态篇

我们再来讲讲，与目标做朋友的心态篇。

第一，你可以将目标与美好的事物联系起来。比如，不实现这个目标，你就没有收入，或者你老公就不会对你这么好；不实现赚钱的目标，你就不能买房、买车。有了这样的心态，你不会的事情、不想做的事情就都不存在了。

第二，要减少负面的词语。"太难了""不行""人生怎么那么困难"，少说这样负面的词语。你说得越多，你的能量就越少。

第三，要多说解决性的词语。多问自己"怎么办""有什么办法"，方法总比困难多。有问题，解决问题。

第四，分解目标。我们前面刚刚讲过，分为五个模块去处理。

第五，及时奖励。达到一个小目标，就要奖励自己一下，因为当你奖励自己的时候，你的心里就会充满愉悦感。比如，我连续直播了很久，嗓子都肿了，有点累，我就告诉自己，很快我就能实现我的人生目标——出一本书了。所以，我就奖励自己吃喜欢吃的东西。

很多女人一辈子都对不起自己，苦了自己，总是在为身边的人付出，结果自己过得不幸福，身边的人却都离她们而去了。原因是什么？因为她们心里委屈。辛辛苦苦地照顾孩子，如果孩子不听话，她们就很生气。对老公很好，把家务做得很好，希望老公能经常陪自己、给自己买礼物、说"我爱你"，如果老公做不到，她们就会很失望。不要把希望寄托在别人身上，要对自己好一点。请你从当下开始，每完成一件事情，就及时奖励自己。

人生在世，要有目标。只有绝对的自律、绝对的承担，才有绝对的自由。没有目标，就无法成为一个幸福的、活出自己的女人。做到我教你的这些事，你的人生目标就会慢慢实现。

时间都去哪儿了

时间对我们每个人来说都非常重要。对一个富有的人来说，最恐怖的就是赚了很多钱，但是没了健康，因为他太忙了，没有时间锻炼身体。还有就是，他虽然事业成功了，却没有时间陪伴和教育孩子。

请问，你的时间都去哪儿了？我调查了一下，很多人的时间都用在了无聊的事情上。他们没有给自己人生中的事项进行排序，时间都浪费了。

20岁时，我记住了一句话，"白天求生存，晚上谋发展"。意思就是说，白天好好工作，晚上要思考怎样才能把工作做得更好。白天，我们没有时间思考所做的事情，得处理工作。晚上，我们要想想，自己的人生到底要做什么，究竟想成为什么样的人。

要观察一个人的现状如何，就看他上午10点在干什么。如果他在看手机、找人聊天、找人抱怨，那他的工作一定好不到哪里去。想预测一个人将来会怎么样，就要看他晚上10点在干什么。如果他晚上10点还没有休息，在应酬或者学习，那这个人将来的发展一定会比较好。

观察一个女人，看她现在过得怎么样，要看她上午在干什么。如果她上午一直在做家务、带孩子，在家里忙来忙去，那她一定是个家庭主妇。同样地，我们要预测一个女人将来怎么样，得看她晚上在干什么。孩子洗完澡，她给孩子讲完故事，孩子睡觉了之后，如果她能抽出时间听听自己喜欢的音乐，做冥想，或者看书、学习，她将来就不会被社会淘汰。她跟她的老公也会有共同语言，因为她在学习和成长。

时间管理是我们每个人必修的课程。在我的直播间，有的女性会抱怨："我哪有时间去赚钱呢？我要照顾孩子。"我想用我的案例告诉她，我每天开会、直播，也很忙，但是我可以兼顾陪孩子和上班两件事。我很普通，没有很高的学历，也没有很高的颜值，所以我可以做到的事，你也可以。

时间管理的五项基本原则

想进行时间管理，就要遵循以下五项基本原则。

原则一：制定清晰的目标

制定清晰的目标，一切为目标让路。 比如，我今年想努力让我的团队实现合伙人制度，我需要把团队的框架搭好，给同事们发挥的空间，让他们有机会升职加薪。这是我工作上的目标。我的家庭目标，是明年在香港给我的公公婆婆买一套房子，让他们在香港养老，因为香港的医疗服务比较好。你也要制定清晰的目标，这样才更有做事的动力。

原则二：将事情进行分类

把事情进行分类，可以用重要和紧急程度作为分类标准。 如下页图所示，将事情分为紧急且重要、紧急不重要、不紧急但重要、不紧急不重要四大类。

紧急且重要
定时、定点、定人做

紧急不重要
定时不定点，让他人协助

不紧急但重要
后面做，不要特别安排时间、地点，
有计划，有人协助

不紧急不重要
不要去做

确保自己一直都在做最重要的事情，实际上也
就是确保自己的时间一直都在被高效利用

　　紧急且重要的事情，要定时、定点、定人做。比如，孩子马上要高考了，这是又紧急又重要的事，怎么办？要定时间、定重点，给孩子做课程辅导和心理辅导，不能让任何负面的人和事影响他。

　　又如，我请同事做了一个问卷调查。问卷中，他们说我们的提成不够透明、晋升机制不够公开，并对此感到不满。这件事对我的团队来说，既紧急又重要，怎么办？两个月之内，我必须做好员工的晋升机制，以及把提成制度做透明。做好以后，组织全员培训，让大家了解新的制度变化。一定要先做紧急且重要的事情，不然时间永远都在浪费。

　　再看图中左下角，是不紧急不重要的事情。刷短视频、跟别人聊聊八卦，这些都是不紧急不重要的事情，不要去做，除非你很无聊。无聊的时间多了，你的人生就会过得没有意义。

　　再看图中右下角，不紧急但很重要的事情，要安排人去做，不需要特别安排时间和地点。只要有计划，有人协助你去做即可。比如，你的孩子在一年之后要去上小学，这件事不紧急，但很重要。你现在先不要急着去做，先打听一下各个学校的情况。学校是偏文科还是偏理科，是偏重艺术修养还是创新能力的培养？哪个学校的管理制度比较严？哪个学校的外语教学比较好？偶尔有时间可以打个电话问一下朋友或别的家长。

最后再来看，左上角紧急不重要的事情。事情很紧急，但根本不重要，怎么办？有时间就做，没时间就不做，让他人协助即可。比如，经常有人找我，让我周六帮忙接待客户。客户可能很愿意到我们这里学习，如果谈好了，客户会付费学习。这种情况，我一般不会去。因为很可能我不见这个客户，他也会选择来学习，而我见了他，他也可能不来学习。这件事对我来说不重要，那就让其他人去做。

原则三：减少环境的干扰

如果你想看一本书，却手机不离手，总是忍不住看两眼，那么你一定读不好这本书。因此，认真做事的时候，不要受到手机的干扰。要有一个安静的环境，不要受到外界干扰。

原则四：及时奖励自己

当哪一天你的时间管理做得特别好时，要奖励一下自己。正向的反馈能够让你坚持得更好、更持久。

原则五：遇到阻碍时，想想自己的初心

时间管理总是做不好，怎么办？如果你总是控制不住自己，培养孩子和打拼事业都做不好，该怎么办？想想自己的初心。你最初想成为一个什么样的人？你可能想成为一个富有的、幸福的人，那就必须做好时间管理。经常回想自己的初心，就有动力把时间管理做好。

时间管理的几个实用方法

很多人都告诉我，他们总是不能很好地管理时间。往往是貌似做了很多事情，实际上却什么都没有做；感觉自己每天都很忙，却没有什么收获；经常被时间带着走，没能做时间的主人。如何掌控和规划时间，做时间的主人呢？教你几个实用的方法。

利用碎片化时间

很多人的第一个误区，就是做事必须有整段的时间。比如，他们学习之前，要先把所有的家务做好，把桌子弄得干干净净，要有一个仪式感，然后才开始学习。但是，在我们现在的生活中，身边总有一些琐事，怎么可能有整段的时间去学习呢？要学会利用碎片化时间，做你想做的事。还是以学习为例，比如，每天可以不用1小时，只用20分钟，或者只用10分钟来学习。古人在学习的时候，会利用几个碎片化时间：厕上、马上、枕上。厕上，就是在洗手间的时候，随时拿一本书看，就可以学习了。

马上，坐在马上的时候，也可以学习。对我们现代人来说，可以是出差时的高铁或飞机上。枕上，就是临睡时躺在床上，利用碎片化时间去读书学习。碎片化地管理时间，是非常适合现代人的管理方式。

有规律地使用时间

比如，我每天上午都要直播，其他任何事情都要给这件事情让路，这就是我在有规律地使用时间。我的小伙伴们只要不放假，每周一上午九点到十点半，雷打不动地要练习养生功、练八段锦，之后读《道德经》。只要将这件事固定下来，就没有什么沟通成本，到时间大家一起到教室里，直接做同样的事。如果你把一个时间段固定下来，规律化了，管理时间就很轻松了。

做好时间规划

规划是什么？比如，我可能有很多事情要做，到底先忙这件事情，还是那件事情呢？有两个选择标准。

第一个标准，就是从重要和紧急的程度，将事情进行排序。我们前面讲过按事情的紧急和重要与否安排时间。值得注意的是，很多人百分之六七十的业余时间都浪费了，比如躺在床上刷手机、刷剧，一不留神就到夜里两点了。这些既不重要又不紧急的事情，反而浪费了我们绝大多数时间。我们经常觉得很累、很辛苦，那是因为休息不够，时间都浪费在琐碎的事情上了。

第二个标准，就是要看事情是不是有用和有趣。首先选择既有用又有趣的事情。比如，去美容院，它有用，也有趣，因为舒服。很多时候，在美容院里，我能把我的压力说给美容师听，美容师也会给我讲其他客人好玩的故事。这个过程既有趣又有用，我肯定要把它定为优先级的事情。然后，是有用但无趣的事情。比如，学习真的很辛苦、很枯燥，但因为我想成长，就要选择有用但无趣的事。接下来，是有趣但没有用的事情。比如逛商场，很多女人逛了一天的商场，没买一件衣服，但也觉得有趣。这件事对我们的成长没什么用，只是为了开心。最后，就是既没有用也无趣的事情。比如，参加无聊的、无社交意义的饭局，你可能跟饭局上的人不熟，和他们也没有共同语言，吃这顿饭很浪费时间，还要搭上来回的交通成本，得不偿失。

我们可以根据以上两个标准做个规划，只要知道哪件事情能帮我们达到目标，就不会纠结了。

把时间分配给重要的事情

其实你的一生，也许只能做两件事情。只要把这两件事情做好了，你就成功了。

第一件事，事业。人这一辈子，只要努力做好一份工作，就成功了。

第二件事，家庭。很多女人会认为自己踏踏实实地、不断地学习，提升自己的智慧，把婚姻经营好，也就幸福、成功了。

其实，人一天可以只做一件事情，最多不要超过三件事，不要贪心。我从 2006 年至今，每天都只做两件事，最多三件。我的助理会把每个月的日历打印出来，我在日历上填写每天要做的事情。如果哪件事情没做到位，又是必须做的事情，我就把它调到另一个时间。

　　我的团队有100多人，我自己做短视频、做直播、管理团队、接待客户和重要的老师。同时，我还要带孩子。我把时间管理得非常好，就是综合运用了以上这几种方法。我只要有一小段时间，就看几页书。碰到重要的事情，比如给孩子开家长会，我就会把可以安排在其他时间的工作排在第二位。我先生经常带我出去吃饭，有时候我判断这个饭局对我没有价值，就会果断拒绝。如果你想做时间的主人，也可以用这几种方法。如果你做了时间的主人，你的人生就不会在忙碌和嘈杂中度过，而是在轻松、悠闲又有成效中度过。

第 **4** 章

如何做到
家庭与事业的平衡

————

婚姻与幸福的关系

许多女性虽然进入了婚姻，对婚姻却知之甚少。婚姻关系着女性一生的幸福，无论你现在是否进入了婚姻，都要懂得婚姻的本质。

婚姻的本质是什么

婚姻的本质是什么？从底层逻辑来看，婚姻相当于女人的第二次生命。

婚姻的本质，首先是让你的生命变得有活力、圆满。有了婚姻的滋养，女人的生命可以焕发出更多光彩。婚姻还是实现你圆满人生的杠杆，如果拥有幸福的婚姻，你就很容易拥有幸福的人生。

我们还可以给婚姻赋予一个美好的定义——婚姻是道场，烦恼即菩提。经营婚姻的目的，是让我们在婚姻这个道场里拿到主动权，因为婚姻中谁主动谁就幸福，主动得到的就是自己想要的，与输赢无关，与对错无关，只与是否幸福有关。

如果你的婚姻出现了一些问题和考验，那么它就是在磨炼你，在助你修行。在婚姻中，谁遇到痛苦谁就会改变。痛苦即动力，这种动力会帮你找到正确的方向。如果痛苦没有减少，那就说明你努力的方向是错误的，需要调整。

婚姻是来成就自己的。结婚让我们成长，婚姻让我们成熟。在婚姻中，女人的心态从"应该如此"到"不该如此"，最后内心强大起来，变成"不过如此"。

我们应该感恩婚姻，因为所有的遇见都是唤醒自己生命的礼物。

通过这个婚姻的道场，我们获得了亲密关系。它能疗愈我们的创伤，让我们找到自己，接纳自己，遇见更好的自己。我们的人生会变得圆满，我们会拥有自在、幸福、绽放的人生。

为什么要走进婚姻

走进婚姻，可能有以下几种原因。

第一，生育后代。在现代社会中，如果想合法地生儿育女，就要走进婚姻。养育后代，也最好在婚姻中与爱人携手同行。对孩子来说，有一个完整的家庭也是非常重要的，有利于他的身心健康。

第二，经济上的依赖。有的女人，赚钱能力不够强，又想过上比较好的物质生活，就会选择经济条件比较好的男人，以走进婚姻的方式来获取经济上的保障。这种想法无可厚非，但要注意，婚姻还是要以感情为前提，否则今后婚姻很容易出问题。

第三，绑定爱情。虽然有人说"婚姻是爱情的坟墓"，但是更多的人相信，通过进入婚姻，能够使爱情更加牢固。在婚姻中，夫妻双方有很多需要共同承担的责任和义务，两个人相处的机会也更多，并且婚姻具有排他性。从这些角度来说，婚姻可以让爱情更持久。

第四，被家人所迫。比如商业上的联姻，或者在父母的催促下尽早结婚。这种情况，其实存在一定的风险，要慎重选择，不要毁了自己一辈子的幸福。

不幸婚姻的负面影响

被广泛引用的 50% 的离婚率是对夫妻结婚 40 年后离婚可能性的一般性评估，而实际上，婚姻存续的时间可能要短得多。在一项针对 130 对夫妻的研究中，有 17 对在 7 年内离婚了。

不幸福的婚姻对人的身体健康有很大影响。首先，它将给人带来很大的压力，包括生理的压力与心理的压力，还会导致身体患一些疾病。研究发现，不幸福的婚姻会导致一个人的患病率增加 35%，平均减少 4 年的寿命。

此外，不幸的婚姻还会影响子女的健康。家庭不幸的孩子，可能会出现多动、逃学、不合群、成绩偏低、辍学、暴力、犯罪等问题，成年以后建立家庭的意愿和幸福度，以及人际关系的健康度方面，也会受到影响。婚姻和爱情不一样：爱情只是两个人的事情，婚姻是两个家庭在一起，会影响更多人。爱情失败，也许你输得起，但婚姻失败，不是每个人都能输得起的。

婚姻的平衡值

婚姻的平衡值有一个公式，平衡值等于积极情绪除以消极情绪所得的数值。只有比值大于1，也就是积极情绪大于消极情绪，婚姻才能保持幸福。

要想让婚姻的平衡值大于1，需要遵守以下几个原则。

第一，相互理解，双方都通情达理；

第二，相互支持，彼此给予能量与资源；

第三，相互尊重，做到夫妻双方人格平等；

第四，要明确双方的需求和底线。

没有所谓的好男人和好女人，只有懂对方的需求，并遵守以上几个原则的人。一个人对你再好，如果他不懂你的需求，就满足不了你；一个人的癖好再特别，只要符合对方的口味就没问题。

婚姻浪漫程度问卷

这里有一套婚姻浪漫程度问卷，你可以做一下测试。答案分别为"是"与"否"。选择的"是"越多，说明你的婚姻越浪漫，越幸福。

1.我期待伴侣和我一起度过闲暇的时光。

2.伴侣如果心情不好，会告诉我。

3. 即使我们的爱好不同，我对对方的爱好也感兴趣。

4. 有很多事情，我们两个人都喜欢做。

5. 我们有许多共同的梦想和目标。

6. 我们在精神上能相互融合。

7. 我们在一起的时候很开心。

8. 我们总是有很多话想对对方说。

9. 我们一起外出时，感觉时间过得很快。

10. 我们喜欢与对方交流，喜欢一起讨论事情。

11. 对方是我最好的朋友。

12. 对方遇到问题，比较有兴趣听听我的观点。

13. 我们喜欢一起做些小事情，如看电视等。

亲密关系的秘密

遇到相爱的人，并与其走进婚姻是非常浪漫的事情。那么在这之前，我们要了解亲密关系的阶段，以及建立持久亲密关系的秘密。

爱情的四个阶段

爱情分为四个阶段，处于不同阶段的爱情呈现的面貌可能有很大差异。

第一个阶段，陶醉阶段，也称"激情期"。处于这个阶段的男女，会感到如痴如醉、无法自拔、依依不舍。从生理学的角度来讲，男女双方在激情期是激素在起作用；从生理周期来看，一般最长是 3 年左右，此后，激情就会所剩无几。

第二个阶段，失望阶段，也称"破裂期"。男女双方在这个阶段会感到心灰意冷、黯然神伤、万念俱灰。这是非常容易分手的阶段。

第三个阶段，凑合阶段，也称"和谐期"。尤其是结婚后的伴侣，一般会进入这个阶段。在这个阶段，男女双方会感到情同手足（如我们常说的"左手摸右手"）。他们会和睦相处、相敬如宾，发展出比兄弟情差一些的男女之情。

第四个阶段，升华阶段，也称"亲情期"。这个阶段的男女双方，一般已经结婚很久了。他们会变得亲密无间、珠联璧合、相濡以沫。这个阶段的夫妻，感情已经很牢固了，不会轻易分开。

不要对爱情有太完美的幻想，就像《围城》里说的："结婚无需太伟大的爱情，彼此不讨厌已经够结婚资本了。"

如何建立亲密关系

第一点，要多关注、多了解你的伴侣。因为爱他就要了解他，你只有懂得一个人，才能够影响他。高情商的夫妻能立刻熟知彼此的世界，能产生度过婚姻危机的力量。

如果想知道你是不是了解你的伴侣，可以做以下测试。如果50%的题目你能答出"是"或"能"，就及格了。

1. 能说出对方好朋友的名字。
2. 知道对方近期面临的压力。
3. 能说出对方最讨厌的人。
4. 能说出对方的人生梦想与期望。
5. 能说出对方最不喜欢的亲戚名单。
6. 知道对方最爱的歌曲。

7. 能说出对方最喜欢的电影。

8. 知道对方生命中最特别的三个时刻。

9. 能详细说出遇到对方的第一印象。

10. 觉得自己很了解对方。

11. 知道对方不开心时，最喜欢去的地方。

12. 知道如果彩票中大奖，对方想用这笔钱做什么。

第二点，要做到尽可能少伤害对方。 以下这些伤害对方的话，今后不要再说。

1. "你从来都不整理房间，总是扔在那儿就不管不问了。"

2. "我发现，你和你妈说话一模一样。"

3. "你是不是觉得自己很了不起啊？！"

4. "你是个非常糟糕的伴侣，你一点都不配当父亲或者老公。"

5. （当着别人的面说）"我不喜欢你那么做。"

6. "到现在，我都不知道你是这样的人。"

7. "你根本就不该那么想。"

第三点，要有很多双方都觉得有意义的事情。 我们的脑袋里要有一笔账，要清楚：在生活琐碎的事情上，与伴侣进行了多少交流。说废话的夫妻，感情一定不差。废话多了，就可以了解对方的三观。不断地进行感情储蓄，对婚姻很有益。你们都觉得有意义的事情越多，你们的关系就越紧密、深厚、有价值。以下列举了双方都觉得有意义的一些事情，以及对一些问题的看法，测试你们的价值观是否一致。符合的情况越多，你们的关系就越亲密。

1. 共进节日大餐对我们来说是非常特殊和幸福的时刻。
2. 下班后重聚通常是特殊的时刻。
3. 周末，我们一起做许多让人高兴又有价值的事情。
4. 一起做事时，我们通常很愉快。
5. 在丈夫和妻子的角色中，我们有着许多类似的标准。
6. 在兼顾工作和家庭方面，我们有着类似的观点。
7. 家人和亲戚在我们生活中很重要。对此，我们的看法一致。
8. 我们有很多共同的目标。
9. 我们对结婚、爱情、性有相似的价值观。
10. 我们对金钱的意义有相似的看法。
11. 我们对教育的重要性有相似的观点。
12. 我们对信任有相似的观点。

我们要创造彼此都觉得有意义的事情。

第一个方法，要有一些充满仪式感的特殊时光，包括家庭日、生日、结婚纪念日等。

第二个方法，要尊重彼此的愿望。否定一个人的愿望，就等于否定这个人。鼓励对方坦诚地谈论自己的信念与梦想，你可能不认同，但必须尊重。因为梦想是一个人的精神原动力，而你是他梦想路上的陪伴者和见证者。你只需要倾听与喝彩，切忌批判对方，谁都不愿与不接纳和否定自己的人在一起。

　　第三个方法，要描绘家庭的远大愿景，打造家庭凝聚力。

　　第四个方法，要相互感恩，因为你们是对方人生中最爱、最重要的人。可以这样说："没有你的时候，我……""你的出现让我……""感谢你，你是我人生中最爱的人，我爱你，如同爱我自己。"

怎样做到家庭与事业的平衡

对很多女性来说，家庭与事业的平衡才是普通人最高层次的幸福。如果一个女性能够做到家庭与事业平衡，那她就已经站在了前 5% 的女人的行列了。怎样做到家庭与事业平衡？有以下几种方法。

制定明确的目标和优先事项

世界上没有真正忙碌的人，一切取决于你的价值排序。要有明确的目标，然后做到在什么时间做什么事。比如，我最近排在第一位的目标是做好直播。我对我先生说，我晚上要做直播，需要他带孩子洗澡，陪孩子睡觉。我也告诉孩子这件事，让他适应。因为我知道自己的目标是什么，就会完全放下这几天无法陪孩子的纠结。

如果你有一个明确的目标，做事情就不会犹豫和纠结。很多人纠结的原因，是想在一段时间里，既陪孩子，又处理工作上的事情。当你什么都想要的时候，其实什么都做不了。只要对事情进行排序，按部就班地去做好。

我告诉身边的很多人，女人要尽可能早地成家立业，因为我们的生理结构与男人不一样，男人年龄大一点也不影响生孩子，女人却有最佳的生育年龄。对一个女人来说，要给自己留出足够的时间，去相亲、认识朋友，找一个相爱的人过日子。这对女人很重要。30多岁的女人的优先级是先有一份事业，再有一个温暖的家。40岁之后的女人，优先事项可能是培养孩子。50岁之后，女人的优先事项是把自己的身体照顾好。每个人都要想好自己的优先事项，这样就不会手忙脚乱。

规划并遵守时间表

很多人分不清事情的优先级，那么可以做一张时间表，把每天要做的一到三件事情提前写好。比如，我今年的目标是把身体调养好、给孩子择校，以及处理好跟先生的关系。那么，我就把自己认为重要的事情进行分解，建一个时间表，然后遵守时间表的内容去做事。

学会委托他人

有些事情你没必要亲力亲为，能让别人做的事情就不要自己做。比如，我现在的工作时间很充足，因为很多事情我都委托我的助理去做。有些事情，助理比我做得好多了。专业的人做专业的事，他们做数据比我做得好，表格也比我做得好。

要学会花钱委托别人做事。如果你家里很乱，建议你委托保姆、钟点工来帮你打扫卫生。很多不幸福的女人喜欢算鸡毛蒜皮的账，明明经济条件很好，却舍不得花钱委托别人来为她们做事。比如，一个月请保姆要花 5000 元，但是从长远来看，你可以省下时间与人建立联系，不断接受新鲜的事物，这样才不会被社会淘汰。那么，你表面上是花出了 5000 元，其实是赚到了更多机会。如果你没有条件请保姆，也可以请你的婆婆或者妈妈帮忙带孩子和处理家务，把每个月一半的工资给她。你的公公婆婆、爸爸妈妈为你所做的一切，你都不要认为是理所当然的，不要认为长辈帮你是应该的，这是最伤感情的。如果你没有感恩之心，家庭关系是不会和谐的。

学会保持沟通

我有什么事都会提前跟我先生沟通，夫妻之间，最难受的就是产生误会，好的沟通是减少误会最好的办法。不要等矛盾出现了再去沟通，要将沟通前置，将问题扼杀在萌芽状态。

用行动代替愧疚感

女人真的很不容易，当你忙事业的时候，你的孩子需要妈妈陪伴。很多女人会因为忙事业顾不了家庭而产生愧疚感，包括我。有时候，我晚上回到家，发现孩子已经睡着了，就会有愧疚感。孩子生病的时候，我在家里陪他，两三天没上班时，我也会对工作有愧疚感。因为上司给了我这么好的平台，那么多同事跟着我努力，我却没有全力以赴去工作。有很多女人为了弥补对孩子的愧疚感，就把时间都用来带孩子，而放弃了自己的工作。但是，当你 45 岁、50 岁的时候，你的孩子去上大学了，你心里会突然间空落落的。

我的建议是，无论如何都不要放弃自己的事业。我在线上服务了 7 万多名女性，大部分女性的烦恼都源于她们为了孩子放弃了事业。我读了网友写的游学笔记，很感动。我们教育孩子，经常说"妈妈为了你放弃了一切，我在全心全意地服务你"。但是，一些国外的母亲教育孩子没有秘诀，只有两个字——"行动"。她们不会告诉孩子"为了你，我放弃了自己"，而是让孩子看到妈妈是一个好的学习榜样。

我周末工作的时候，会把孩子带到工作场所。他最喜欢跟着我来了，因为我上课的地方有很多好吃的，他可以吃很多东西。我让他在课堂上看别人上课、学习，然后告诉他："你看看周末的时候，很多人在家里躺着睡觉，但有的人在这里学习。你知道为什么要学习吗？"他回答："学习赚钱，赚钱可以买很多好吃的。"我告诉他："你要记住，赚钱还可以帮助更多的人。"我们对孩子的教育并不只是在嘴上，还要在行动上。这就是榜样教育。

如果要实现事业与家庭平衡，"躺平"肯定是不行的。你一定要付出多于一般人的努力。"女仆"是永远无法养育出"女王"的，不要成为一个保姆，要成为一个活出自己人生价值的母亲，这样才能培养出优秀的孩子。

如果你觉得照顾不了孩子有愧疚感，那么你要做的不是放弃自己的工作，而是回到家里少看手机，把时间花在培养、陪伴孩子上。可能周一到周五，你都很累，没有陪孩子，那么周末就要好好地对待孩子。你的内疚感不能永远放在心里，要学会行动。

我见过非常多的成功人士，他们得到了一切，却失去了对孩子的陪伴。很多企业家都是这样，他们把孩子送出国留学，对孩子却缺少关心和陪伴，孩子不好好学习，荒废了学业，浪费了青春。很多人为什么要生第三个孩子，因为他们此时条件好了，有时间了，要好好地陪伴孩子，来弥补愧疚感。很多人一辈子都在想办法弥补，与其这样，不如当下就不要为了家庭而放弃自己的事业，也不要为了事业而放弃对孩子的陪伴，做到家庭与事业平衡。

还要学会动态平衡，而不是绝对平衡，因为总会发生一些突发事件。比如，本来你星期天要陪孩子，可是公司那天要来一个重要的客人，你就只好先顾工作。又如，公司很多重大的会议都是放在元旦、五一或者十一这样的节假日开的，别的员工都在家享受生活，管理层没有办法，必须去开会。怎么办？尝试做到动态平衡。有时候，我要放弃陪伴孩子的时间，到公司参加会议。但有时候，我在公司上班，突然家里老人或者孩子身体不舒服，我就先果断放弃工作，以老人和孩子的身体为主。这就是动态平衡。

如何提高幸福度

我发现，女性同胞在成长过程中困惑蛮多的。有的人事业发展得很好，却顾不上家庭，家庭经营得不幸福；有的人把所有精力都用来带孩子了，却把事业丢下了，变得自卑，没有价值感。

我们为什么要做高价值的女性？因为人有价值才能活得高高在上，才有资格得到自己想要的东西。如果没有价值，你永远是在求——求人帮、求人爱、求人支持。在你求的时候，你的能量是很低的。如果你是一个有价值的女性，你会变得能帮人、爱人、敬人，变成一个高能量者，变得高高在上。高高在上不是高傲，至少你是自信的，能够给别人输送能量。

努力，不忘初心

关于努力，我会告诉你以下几点。

第一，我想告诉你努力到底是为了什么。如果搞不清楚这件事，很多人就不愿意去努力。有的人努力以后觉得很累、很辛苦，是忘记了自己的初心。

第二，我想告诉你怎样才能获得长期幸福。

第三，当下的女性最纠结的就是怎样做到家庭与事业平衡的问题。我就做到了家庭和事业平衡，因为我知道自己想要什么。

第四，如果你在舒适区，想活出更好的自己，我想教你怎样走出舒适区。

第五，我要帮你解决的问题是，如何找到通往优秀的最佳路径。

努力到底为了什么？如果你说"我活到现在一直靠运气，我没有努力"，那我很羡慕你。我是从农村出来的，我们家有四个孩子。小时候，爸爸做老师，一个月的工资是15元，养活一家六口人。家里一到10月就没有东西吃。我一直拼命学习，等我考上师范，后来当了老师后，我发现老师的工资太低了，于是转做销售，从业务员到销售经理，再到一个公司的总经理，之后又成为三家公司的总经理，一路不断努力。

我是博商学院的创始股东之一。我单身的时候，有钱不知道怎么花。当公司开放内部的干股时，我就买了公司的干股，成了博商学院的创始股东之一。同时，我也是博商学院的员工，拥有员工持有的股份。另外，我还是第一个与博商学院共同成立公司的总经理，我们成立了博商博文书院。

我认为，人要不忘初心。只有知道自己的初心，你才能不断地努力下去。努力可能为了钱、为了名、为了利，最终还是为了两个字，就是"幸福"。

人都向往幸福，不管是赚钱、买房、买车，还是找一个相爱的人生儿育女，这一切的一切都关乎幸福。成功不等于幸福，很多人把成功定义为赚到很多钱、有很多房子、有很高的社会地位、公司上市等。但是，公司上市的人也不一定有在读这本书的你幸福。我身边就有很多上市公司的总经理，他们中有一些人生活不够圆满，甚至私生活有问题。他们让老婆在家里带孩子，自己对家庭不管不问。也许你觉得这样的人很潇洒，但他们幸福吗？他们并不幸福，因为他们不知道自己这一辈子追求的是什么，忘了初心。

萨缪尔森的幸福公式

请你想一想，幸福是什么？很多人说幸福就是一种感受，但是感受没法量化，也就很难找到幸福的秘诀。诺贝尔经济学奖得主萨缪尔森发明了一个幸福公式：幸福等于效用除以欲望（如下图）。

如何提高幸福度

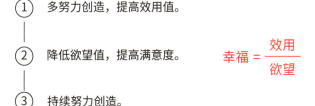

① 多努力创造，提高效用值。

② 降低欲望值，提高满意度。

③ 持续努力创造。

$$幸福 = \frac{效用}{欲望}$$

要扩大你的效用，也就是不断地创造价值，比如赚更多的钱，能够让爱人、孩子更爱自己，这些都是效用。

现在，为什么很多人不幸福？因为我们的欲望越来越强。当你的能力不能驾驭你的欲望，不能驾驭你的野心时，欲望就会越来越强。短视频盛行，我们通过手机看到那些富人过的日子，感到贫穷限制了我们的想象。没有你买不到的东西，只有你想不到的商品。这样，你的欲望不断扩大，但是又没有能力满足它。如果我们的能力越来越差，欲望却越来越强，那么幸福指数就会越来越低。

我们很难改变欲望，很难把它减少，除非不断地修行，不断地冥想、内观，才能减少欲望，否则大部分人的欲望是没法改变的，只能越来越强。那么，我们该怎么办？我不是鼓励你吃斋念佛，我们能改变的是提升我们的效用值，就是让自己变得能创造更大的价值。根据幸福公式，如果我们的欲望变强，但同时创造的价值更大，那么我们的能力就会更强，幸福指数也会更高。提高我们的幸福度有以下三个条件。

第一，多努力创造，提高效用值。

例如，拥有更多的金钱，创造更好的环境，获得更多的东西，如有房、有车、有老公，或者有好的人际关系，有好的人脉、贵人，我们的幸福指数就会增长。

第二，降低期望值，提高满意度。

第三，持续努力创造。

这样幸福才能持续。

短期幸福与长期幸福

如何获得短期幸福

有人问我："为什么我有时候幸福，有时候不幸福呢？"因为幸福可以分为两种：短期幸福和长期幸福。可能对很多人来说，只有短期幸福。什么是短期幸福？

短期幸福

短期幸福

愉悦的感官感受

特点：一旦拥有则当下幸福，但不持久。（无利他。）

成就感

特点：被外在的事物影响，持续时间短暂。

短期幸福的一个组成部分是愉悦的感官感受，就是得到某些东西的一瞬间，那种愉悦的感觉。比如，我买到了最想买的衣服，吃到了最喜欢吃的东西，住进了喜欢的别墅，开上了最喜欢的车，或者去了最喜欢的城市旅游。为什么你这么漂亮，有这么好的身材，买了这么多包包，却还觉得不满足？不是你不满足，而是因为这些属于短期幸福。短期幸福的特点是，一旦拥有就马上感到幸福，但不持久。

　　除了愉悦的感官感受，成就感也是短期幸福的组成部分。比如，你考上了梦寐以求的大学，会感觉"哇，好幸福啊"。但过一段时间，大概只有一个月，你就没有这种感觉了。又如，你买到喜欢的房子，感觉幸福，但这种感觉最多持续两个月，之后就没有什么感觉了。什么是成就感？努力实现了某个目标时，人就会有成就感。再如，我的业绩目标是当月销售额达到 200 万元，我通过努力完成了，就会有成就感，但也只能持续一小段时间。

如何获得长期幸福

　　一个人如果想拥有长期幸福，**第一个关键点就是做擅长的事情**。

　　如果做自己喜欢但不擅长的事不能赚钱，就不能得到长期幸福。例如，很多没有经验的人创业，一开始都是在自己喜欢的领域创业，最后亏了很多钱，很痛苦。如果你做了擅长的事，既能够赚到钱，又能够解决更多人的就业问题，你就会慢慢喜欢上这件事情。又如，你擅长美容、医美技术，开了一家美容院，让客户因为你的技术变得更美，同时你又赚到了钱。慢慢地，你可能就会喜欢这个行业。

不过，有一个前提，就是不能做损人利己的事，不能做危害社会的事，也不能做不符合社会道德的事。否则，你会"一夜回到解放前"。

长期幸福

第二个关键点，要拥有良好的亲密关系。

亲密关系是人性底层生命力的需求，也是女性骨子里的需求。每个女人心底深处都渴望爱与被爱，渴望安全感，也渴望高价值感和独立自主。现在，很多女人比男人赚得多，很多"鸡汤"也说，"女人要独立，女人离开了男人也能过得好"，但是我不建议大家听这些所谓的鸡汤。如果你想要长期幸福，良好的亲密关系必不可少。你和家人的关系，如亲子关系、夫妻关系，都属于亲密关系。如果有好的亲密关系，你就能感觉到被爱，也有能力爱别人。

第三个关键点，要帮助他人，去做利他的事情。

短期幸福基本上是纯然的利己。我们的衣食、学历、房子、车子，全都是利己的。我们做自己喜欢并擅长的事情还不够，还需要创造更多社会价值，如做慈善。如果你有条件，想要长期幸福，一定要和家人一起做利他的事情。当你带领你的家人帮助弱者的时候，你会发现，付出是最幸福的。什么样的人最幸福，是索取的人，还是能够帮助别人的人？事实证明，能够不断帮助别人的人是最幸福的。虽然那些索取的人通过索取得到了一些东西，但是他们的幸福仅仅是一瞬间的满足。只有不断地帮助别人，不断地创造价值，让别人因自己而过得更好的人，才是最幸福的。

第 5 章

如何解决
婚姻中的冲突

———

为什么婚姻中会有冲突

婚姻中的夫妻二人既有性格差异，又有性别差异；过去的经验和习惯、未来的目标和期许，都可能有所不同。这就造成了婚姻中的一些冲突。

从甜蜜期到磨合期

很多人发现，在结婚前，夫妻看彼此总是能看到很多优点。这就是双方关系的甜蜜期。这时，我们是带着滤镜看对方的，一起看电影、吃饭，关心彼此，温柔以待。在恋爱的时候，人的智商很低。但是，进入婚姻之后，我们更多的是拿着放大镜在找对方的缺点和问题。这时就进入了磨合期。很多人离婚的原因，都是没有熬过婚姻的磨合期。只有熬过了磨合期，婚姻才能进入更好的阶段。

男女双方的三种差异

为什么我们会进入磨合期？因为夫妻双方其实有很多差异。

性格差异。人和人的性格是不一样的。比如，我的性格是大大咧咧的，而且比较强势。我有什么想法不会压在心中，会直接讲出来，喜欢掌握主动权，并以结果为导向。我先生就不一样，他会把很多东西放在心里，但是遇到他看不惯的事情时，就会暴躁起来。他会用语言和眼神表达他的不满，甚至会吼出来。还有一些人总是逆来顺受，从不吭声，有什么都憋在心里。但是，可能突然有一天他们会给你发条信息，直接提出分手。

性别差异。男女性别不一样，处理问题的方式也不一样。比如，男人的第一需求是事业、金钱和权力。在他们的一生中，如果没有事业，就会觉得在别人面前没有尊严、没有面子。但是女人不一样，女人的需求是要幸福，要有家庭、有相爱的人。如果没有家庭，没有人爱自己，哪怕攒再多的钱，女人的心里都会觉得空虚，感觉缺了点什么。

原生家庭的差异。我们很多人在原生家庭受到的伤，会带到婚姻中。幸福的人用童年治愈一生，不幸的人用一生治愈童年。比如，有的女孩，父母离异了；有的女孩，父母重男轻女。她们在原生家庭中可能没有得到认可、鼓励和爱，就会没有安全感，既不知道爱是什么，也不会爱别人。当一个女人没有安全感的时候，她就会在自己组建的家庭中抓住最亲密的那个人——她老公。所以，她要时刻知道老公在干什么，给谁发了信息，跟谁去吃饭了……但当她牢牢抓住对方的时候，对方会感到窒息，变得狂躁，变得没有自由。这就形成了双方的矛盾。

很多人不知道双方是有差异的，他们从来没有深思过差异的本质是什么，应该用什么方法去解决问题。问题来临时，他们会不知所措，或者直接跟对方吵架。所以，有的人没有熬过磨合期就分开了，直到最后婚姻破裂，他们都不知道问题出在哪里。

怎样解决婚姻中的冲突

其实，有差异不可怕，不管遇到什么样的冲突，一定要有信心，觉得能解决问题，因为信心比黄金更重要。你要相信自己是可以解决问题的，相信你的婚姻是会幸福的，相信自己是值得被爱的。带着这种信心，想办法减少婚姻中冲突的发生，减少对爱人的伤害，快速修复双方的关系，再一次让婚姻走向甜蜜期。

遇到冲突时，不能踩的四个坑

当遇到冲突时，以下这些坑是一定不能踩的。

第一个坑，一心只想着赢。起冲突时，我们往往会忘了自己的初衷。其实发生冲突时，是我们双方了解对方最好的机会。此时，你能够知道对方在想什么，知道他的底线是什么。你可能想的是"我一定要赢他，一定要证明他是错的，我是对的"。但是，有赢就一定有输，没有人愿意成为输家，没有人愿意认错和讨好别人。你赢了，他就会输。表面上是你赢了，实际上你伤害了对方。不要一心想着自己要赢，而是要去赢得对方的心。只有你懂对方了，知道他心里在想什么了，他的心才能离你更近。

第二个坑，一味地忍让。你一味地忍让，自己心里憋屈着，这一次的问题看似解决了，但它并没有真正解决。因为当最后所有问题积压在一起时，你会忍无可忍，夫妻间必然会爆发冲突。冲突来临时，我们互相碰撞、直面问题，才能做到不激化矛盾，而一味地忍让不是解决问题的好方法。

第三个坑，一直跟对方讲道理。面对婚姻中的矛盾和冲突，讲道理是没有用的，因为没有人喜欢在冲突中讲道理。我们说"通情达理"，要把"通情"放在前面，把"达理"放到后面。只有让对方在心理上接受你，感觉到你是为他好，感觉到自己被尊重时，他才能接受你想表达的道理。

第四个坑，说话无底线。无论你们的冲突发展到什么程度，一定要克制住冲动，有些不能说的话，千万不要说出口。比如，伤害对方父母的话是坚决不能说的，因为贬低对方的父母就是贬低他、贬低他的人格。又如，永远不能说一个男人是废物，不能说他无能。男人也永远不能说一个女人这辈子都不值得被爱，或者说自己一辈子都看不起她。说这样的话等于一次性把对方打入了地狱。

避免冲突的三个方法

除了不要踏入以上这几个坑，还有三个方法可以避免发生冲突。

第一个方法，降低期望值。在婚姻中，为什么会有冲突？因为你对对方的期望太高了。比如，我先生是一个非常有上进心的人，他的朋友很多，我们出去吃饭时，总有人跟他打招呼，还经常有朋友帮他买单。对于这种又受欢迎又有上进心的男人，我不能指望他每天都在家里陪我，因为他总有一些社会关系要去维护。

还有一些男人，可能是互联网大厂的技术人员，做事很完美、很细致，井井有条，但是不会说浪漫的话。如果你指望他们一直跟你聊天，说一些你想听的情话，他们可能做不到。

还有一些人性格开朗，他们的同性、异性朋友都特别多。这样的人，如果你担心他在外面跟别人聊天，总要查他的手机，或者问他在哪儿，对他有很多猜忌，你与他就会产生矛盾。你可能希望他只关注你一个人，每天晚上在家陪你。但对这样的人来说，他们是不可能做到的。你只有降低期望值，才能提高自己的满意度。

第二个方法，正确地表达。夫妻只要能好好沟通，很多问题都可以迎刃而解。比如，我在前面讲过，我生孩子之后那个生日，我先生忘了给我过。之后每年我过生日前，都会对我先生说："我要过生日了，你给我买什么礼物？"他可能给我买包、手表、香水、口红。只要正确地表达你想要的东西，对方满足了你的期望，就很好。

很多女人有了期望却不说出来，独自等待着。当对方忘了买礼物，没有达到她们的期望时，她们就受不了，把愤怒藏在心里，不直接说什么事情没有被满足，而是旁敲侧击地说："你一天到晚干什么了？就知道在外面乱花钱。"每种坏情绪的背后都有一个正面动机。这样说的女人是想通过鄙视、打压老公，让老公难受，来表达自己的期望。但她的做法没有好好表达，只是释放了没有收到礼物带来的怒火。

我和我先生刚认识时，他说话很不讨喜，而且喜欢用手指着我说话，我感到很难受。他爱人的方式跟我不一样，我是用语言来表达，他是用指责的方式表达，他不知道我会难受。后来有一天，我告诉他："你这样对我不可以，我不接受。你知道你这样，我有多难受吗？"我说了一次之后，他就明白了，原来他的这种表达方式对别人的伤害很大。此后，他再也没有那样指着我，也没再对我吼过。所以，当你正确说出你想表达的意思后，对方会豁然开朗。

第三个方法，储蓄情感账户。当真的面对冲突时，该怎么办？夫妻都会吵架，但是为什么有的夫妻吵架越吵越糟，有的夫妻吵架后感情特别好？中国有一句古话，"床头打架床尾和"。心理学里有一个词语，叫作"情感账户"。你们吵架，如果你伤了对方的心，伤了感情，就要往你们的情感账户里存钱。因为你们吵架的时候，就是在从情感账户里向外取钱。如果只取钱不存钱，情感账户是会透支的。透支以后就要破产，一旦情感账户破产了，你们的婚姻就"破产"了。

所以，聪明的女人会等到夫妻吵完架处于冷静期的时候，往情感账户里存钱。比如，两天后，两个人都冷静下来了，总有一个人要先找对方说话。像我，就会先跟我先生说话，因为他是那种不主动的人，但是他心里已经憋得很难受了。我知道他爱我，他其实对我很好，我知道他本质上是坦诚、善良的，所以我总是先找他说话。有一次吵完架两天后，我跟他说："老公，晚上一起吃个饭吧。"就这一句话，他就破防了，很主动地安排我们的晚餐。吃晚餐的时候，我对他说："你知道吗，你这两天不跟我说话，我心里很难受，我想喝酒都找不到人一起喝。而且我发现，我一喝酒就醉。老公，能不能这样，以后再有冲突，如果我不跟你认错，你就先跟我认错，好不好？"我先生接受了我的建议，之后我们再吵架，他也懂得主动认错了。

夫妻双方有矛盾是很正常的，因为夫妻有性格、性别的差异，也有原生家庭的差异。遇到矛盾不要怕，要有信心去解决它，要相信自己的婚姻是美好的。当问题来临时，我们要学会转念，境由心转。问题的来临，恰恰是我们了解彼此最好的机会。

解决冲突的四个原则

第一个原则，以温和的方式与对方沟通。

如果以指责的方式开始，就会加剧夫妻间情感的疏远，会让对方有更强的孤独感，有的夫妻甚至会因此而离婚。

以什么样的方式开始沟通，必然以什么样的方式结束。建议这样跟对方说话：

1. 说话以"我"开头，不以"你"开头。
2. 只描述你看到的或感受到的"事实"，不做评价和责备。
3. 要用"请"或者"如果"，不用"你要"。
4. 及时回应，不要冷战。

第二个原则，提出和接受感情修复的尝试。

在婚姻中，"踩刹车"也是一项重要的技能。下面的描述，可以测试你和你的伴侣是否擅长情感的修复，反馈为"是"的越多，你们的情感修复能力就越强。

1. 伴侣经常接受我的道歉。

2. 我能够说出"我错了"。

3. 在观点不一致时，我们也是对方很好的倾听者。

4. 当我心烦的时候，他善于安慰我。

5. 即使意见不一致，我们还能喜欢对方。

6. 幽默通常能化解他的消极情绪。

7. 如果我一直试着沟通，最后会有效果。

8. 如果讨论过于激烈，我们懂得及时停止或者换话题。

9. 我善于让自己冷静。

10. 我们能解决我们之间的大部分问题，对此我很有自信。

感情修复的信号来临时，你的工作就是接受这种尝试。可以这样对他说：

1. "我做错什么了吗？"

2. "我很伤心。"

3. "我觉得你不理解我。"

4. "我可不可以收回那句话？"

5. "请你安静下来听我说。"

6. "我们能不能休息一下？"

7. "对不起，我的反应太过激了。"

8. "让我们再试一次吧。"

9. "这件事情，我觉得自己有责任。"

10. "我同意你的部分看法。"

11. "我明白你的意思。"

12. "对不起，请原谅我。"

13. "我没想到事情会变成这个样子。"

14. "我想对你好一点，但我不知道该怎么做。"

15. "我想换个话题。"

16. "我爱你。"

第三个原则，适当地安抚自己。

在冲突中被情绪牵着走时，我们有可能会出现以下情况：

1. 很难平静下来。

2. 说一些让自己后悔的话。

3. 对方很不安。

4. 发起火来停不住。

5. 小问题突然变成大问题。

6. 失去理智，发生肢体冲突。

7. 争吵离题。

8. 争吵之后，双方产生距离感。

面对这些情况，我们要进行自我安抚，让情绪快速复原。以下几种方法能让情绪快速复原：

1. 坐在舒服的椅子上或者躺在床上。

2. 注意控制你的呼吸，尽量让呼吸变慢、变长。

3. 放松你最紧张的部位，如头部、肩部等。

4. 想象美好的事物或者你们的快乐时光。

一旦平静下来，你就能让你的婚姻变得更好。如果能安抚自己，让自己保持冷静，你就会把伴侣与放松感联系起来，不会把他看成生活压力的源头，能够增加处理你们之间问题的积极性。

第四个原则，学会妥协与示弱。

无论你喜不喜欢，解决婚姻冲突的唯一方法就是寻求妥协。即使你坚信自己是对的，也不能完全按照自己的方式处理问题，因为这种做法会损害亲密关系。妥协时要注意，不能毫无原则地赞同伴侣的每个观点。

你可以理解对方，但并不等于认同他，也不能不表态，冷漠地对待他。

如何应对沉默的男人

我们常常会遇到这样的情况：男人在吵架时选择沉默。我的一个粉丝跟我说："陈老师，我受不了了。我跟我老公一吵架，他就躲在旁边不说话。我很烦，他这种方式我受不了。我不知道他到底在想什么，我受够了这种折磨。怎么办？"其实我也有同感，我跟我先生吵架的时候，他不理我。我说"吃饭吧"，他不说话，自己在旁边喝了一斤白酒；我说"睡觉吧"，他也不吭声，最多说一句"你先睡吧"。这种情况能维持两到三天的时间。

很多女人受不了男人的沉默，认为男人在吵架中沉默表示对自己不重视、不关心，感觉人格受到了侮辱。其实，从心理学的角度分析，男人在吵架时选择沉默，不是不想表达，而是他不能表达，因此选择了沉默。

男人选择沉默的三个原因

男人选择沉默的第一个原因，是他们启动了身上的一种自我

防御机制，避免二次纠缠和伤害。因为女人往往说话很快，也很毒。女人在受到伤害的时候，可以选择找人倾诉，可以吵，可以闹，会把自己的情绪宣泄出去。一般情况下，女人一天在家里可以说两万到四万字的话，但是男人一天只能说两千到四千字。那么，他们吵起架来，谁更厉害？当然是女人更厉害。所以，男人为了避免二次伤害，避免被女人纠缠、被女人骂，就选择了自我防御，不再说话。男人不再说话的时候，女人就无法攻击他了。

男人不会表达，还有可能是他的原生家庭造成的。因为一个人在6～12岁时会模仿身边重要的人的处事方式，特别是处理亲密关系的方式。重要的人是谁？可能是爷爷奶奶，也可能是父母。这个年龄段的男孩，如果父母发生冲突时，父亲选择了沉默，那他也会在长大后跟伴侣吵架时选择沉默。他可能不知道父亲在吵架时沉默的原因，只是觉得父亲是这样处理关系的，就这样过了一辈子，自己也可以这样处理关系。于是，他就把父亲和母亲吵架时处理感情冲突的模式，平移到了现在的亲密关系中。所以他不会表达，不会说："亲爱的，我错了。""亲爱的，我们不要吵架了好不好？""亲爱的，吵架影响感情，我们各自冷静一下。"

男人选择沉默的第二个原因，是他不愿意说。这是因为男人和女人面对冲突时的发泄方式不一样。女人遇到冲突，要马上发泄出来，可以哭，可以找人倾诉，发泄出来就没事了。但是男人不一样，他们遇到冲突的时候，一般会分几种处理方式。第一种，抽烟。我先生跟我吵架的时候，就会抽烟，他平时一天抽一包，吵架时一天要抽两三包。他一个人对着天空，目光凄迷，充满伤感和无奈，他那时只想让自己静一静。还有一种，就是喝酒。

男人要麻痹自己，希望不愉快早点过去。喝完酒之后，趁着迷迷糊糊的状态，赶紧去睡觉。我先生也是这样。有一次，我们俩吵架后的一天，我从外面回来，满屋子都是酒味，他整整喝了一瓶白酒。

有三种原因，导致男人不愿意说。

第一种情况，男人在小时候就有一种观念，"男儿有泪不轻弹""好男不跟女斗""不能跟女生一般见识"。所以在吵架的时候，男人一般会选择沉默，不与女人发生冲突。

第二种情况，男人给自己的身份定位为"我是一个成熟、稳重的男人""我是一个有格局的男人"，那么他会觉得跟女人吵架就代表自己的格局太小。

第三种情况，很多女人不知道，男人沉默的时候，其实是在保护女人。因为人的大脑有两种，一种是情绪脑，另一种是理智脑。当理智脑的作用减小时，情绪脑的作用就会增大，就会控制不住自己的行为。所以，男人用沉默来克制自己，让自己的理智脑发挥作用，情绪脑"退后"。男性和女性一样，在遇到冲突的时候，都有两种选择——逃避或者攻击。如果他们不说话，代表着他们在想办法控制自己的情绪脑，其实是在防止自己控制不住来攻击女人。不论是语言攻击还是身体攻击，男人的攻击性一出来，受伤害最大的还是女人。

男人选择沉默的第三个原因，是他们选择了逃避。就像一只狼，它有伤口的时候会自己舔，等伤口好了再出来。所以很多男人选择了给自己时间和空间，一个人静一静。等他们把自己的情绪处理好了，把自己的状态调整好了，再出来跟女人沟通。

发生冲突时男人释放的两个信号

吵架时，男人不会表达、不愿意表达，或者不能表达，我们该怎么办呢？我们要学会接收男人此时释放的两种信号。

第一种，积极暂停的信号。

可能有两种表现方式。

第一种方式，男人会告诉你："不好意思，我们不要吵了好不好？让我安静一下。"他是在告诉你，他不想跟你纠缠下去了。

第二种方式，男人压根儿不想跟你面对面，他转身离开，去抽烟，或者躲在一个角落里看手机，因为他不想跟你发生冲突。这种方式也是一个暂停信号。

作为女人，收到暂停信号的时候，记得不要再纠缠，不要再继续挑衅，因为积极的暂停就是停止对彼此的伤害。

第二种信号，修复关系的信号。

可能吵架后过一两天，大家各自冷静了，男人会想办法做点事，要么给你买花，要么给你点个外卖、做顿饭，都代表着他在积极地修复这段感情。还有的男人，不再纠缠吵架的事，就当这件事不存在，他会主动找你说话。比如，我跟我先生吵架之后，他会说："今天晚上谁接孩子呀？""今天晚上，孩子要不要上英语班，谁去送啊？"他用这种方式在求和。

他修复关系也好，求和也罢，你收到这种信号，要翻篇，不要再纠缠下去，不要再把吵架的事情拎出来说。但凡他用什么话题来跟你沟通了，就代表他想修复这段关系。所以，女人不要再翻旧账，不要再问对错。面对这种信号，要和他慢慢修复这段关系。

如果男人在吵架时一直沉默，当吵完架你收到积极的信号时，不论是暂停的信号还是修复的信号，你都要记得及时翻篇。

夫妻之间需要"亲密有间"

还有一种情况，我的粉丝反映最多，就是不吵架的时候，男人也很沉默，总是不理人，问他话他也不回答。我让一位这样说的粉丝想一下："你经常问他什么？"她说："中午吃什么？""晚上吃什么？""和谁一起吃的饭？""明天去哪里？""在给谁打电话？""在给谁发信息？"我说："你这不是在关心他，而是在监视他。你在控制他，事无巨细，好啰唆，好令人烦躁。"这位粉丝的目的很简单，就是要知道她老公的一举一动。但是，每个人都向往自由，事无巨细地问老公这些问题，就等于要把他所有的行踪都知道得一清二楚。他为什么冷漠以对？为什么不回应？因为他在用这种方式表达抗拒。很多女性为什么会这样呢？因为她们没有事情做，只知道过度关注老公，其实是无事生非。

当你的关心和爱在对方的眼里是一种负担时，爱就变成了一种伤害。请你把注意力从他身上转移开，这样反而能够带来新鲜感，带来彼此的欣赏和交流的欲望。要让自己有事做，你一旦有事做了，你的焦点就会放在别的事情上，你就不再过度关注他了。

当你有事做的时候，你做的事情也会给你带来新鲜感，你有时间也可以把自己的收获分享给老公。我们要的不是亲密无间，所谓的亲密无间，是会让彼此有一种窒息感的。我们要的是"亲密有间"，这时，你们之间才能有新鲜感。比如，我和我先生都在家的时候，没有太多的话聊。有时候，我先生出去应酬，我去上班，那天晚上恰恰是我们最开心的时刻。他回来会跟我分享一小时——今天晚上跟谁吃饭了，发生了什么事，哪个人说错话了，哪个人喝酒喝多了。我也会讲今天见了哪个老师，他给我们公司提出了什么样的战略性发展意见。这样的分享，彼此之间有一种新鲜感，感到刺激和快乐。所以，当我们把亲密无间转变为"亲密有间"的时候，夫妻的感情就变了，变得不再有控制和监视，各自都有一种自由感、空间感和舒适感，我们的婚姻就会变得越来越好。

如何拒绝精神暴力

你有没有见过以下这几种情况？它们很可能属于精神暴力。

第一种，你的伴侣经常挑你的毛病。你做什么都不对，你小心翼翼地处理事情，他还是看不上。有时在家里挑毛病，有时在朋友面前也不给你面子。

第二种，你的伴侣的情绪变化无常。你根本就不知道他的导火索什么时候会引燃，不知道你是什么时候踩了雷，导致你诚惶诚恐，患得患失。

第三种，你的伴侣经常否定你，不接受你的任何意见。比如，有个粉丝告诉我："我有 3 个孩子，都培养得特别好。这么多年来，我任劳任怨，但是我在我先生面前从来没有发言权。我说什么他都不听，我只能听他的，这让我很苦恼。"

第四种，你的伴侣是大男子主义。他来定规则，在他的规则之内做事都可以，凡是超出他定的规则做事都不可以。他会发脾气，还会用恐吓的方法来逼你就范。

第五种，你在你的伴侣面前永远不能抱怨、啰唆。一旦你抱怨、啰唆，他就很烦，就觉得你没有任何价值。

第六种，你多年来任劳任怨，所做的事情在你的伴侣眼里都是理所当然、习以为常。他非但不支持你，如果你做不好，他还要指责你。最重要的是，他从来没有欣赏过你，只会打压你，从来没有给过你温暖和爱。

第七种，也是最恐怖的一种，打着爱的幌子控制你。你的伴侣经常说"我爱你，我都是为了你好"，经常打着为你好、为这个家好的幌子，让你一切都听他的。你一旦不听他的话，他就会想办法恐吓、威胁你，导致你陷入焦虑和恐惧之中。

精神暴力是什么？经常是强势的一方对另一方进行长期控制，在心理上和精神上进行施压和虐待。如果你处于这种状态，请对自己说一声"不可以，我不接受，我拒绝精神暴力"。那应该怎么办呢？如何面对精神暴力？如何拒绝精神暴力？如何解决精神暴力问题？我接下来分享几种方法。

拒绝精神暴力要有信心

我常说，人的一生中，信心比黄金更重要。亲爱的姐妹，要相信你在婚姻中是值得被爱的，相信你是有能力解决问题的，相信有一帮"战友"在你身边。比如，你有自己的娘家人。再退一步，你有这个社会的支撑。总之，你是有办法解决问题的，要有信心，相信你在这个家庭中是有一席之地的。

拒绝精神暴力要有原则

我和我先生认识两个月后就见了父母，然后就闪婚了，我们压根儿不了解彼此。他知道我是一个很踏实的人，但其实我也很强势、很叛逆。我知道他是一个很浪漫的人，但我不知道他情绪起伏非常大，脾气非常火暴。所以，在进入婚姻后的第一个星期，我们就吵了一架。因为他的控制欲超强，如果我不按他说的去做，他就会用手指着我，恶狠狠地看着我，说的话也由浪漫的话变成了各种难听的话。我看到他那种状态，很受不了，于是就跟他据理力争，告诉他不能这样对我。遇到这种情况，要有原则、有立场，守住自己的底线。因为一旦守不住底线，就会一次破，步步破；一次错，处处错。

有一次，我在外出差，他要我随时接他的电话，因为他担心我。但他表现出来的不是担心，而是一种控制。我很不喜欢被别人控制，他要我这么做，我就偏不这么做。于是，我看到他的来电就不接。他受不了了，等我接电话时，他就在电话里骂人，说很难听的话。我出差回来，他接我的时候，还用手指着我说"我的朋友都在等你呢"。在这种情况下，我果断选择关机回家。过了一会儿，他发现我根本没有进入他和他朋友的包间吃饭，他觉得自己超级没面子，给我打电话，又发现我关机了，他的怒火就爆发了。他回家以后，对着我一顿大喊大叫。我当时还是很冷静的，没有马上跟他吵。我告诉自己："这是我们第一次发生大的冲突，如果有第一次，就会有第二次。有第二次，就会有第三次。我必须有原则。"我很冷静地告诉他："我不接受你这种态度，你没有权力、没有资格这么对我。老婆是用来爱的，不是用来伤害的。如果你再这样吼叫，我就没必要跟你在一起生活了。"我拿着行李箱出门了。他攥着拳头，不知如何是好。还好他没有肢体暴力，我们的矛盾没有进一步升级。其实，我知道他是一个非常善良的人，但他习惯了掌控一切，他所有的员工都在他的掌控下，家里的父母、姐妹也都很顺从他，而我是第一个反抗他的人，他只能对我妥协。从此以后，他就再也没有这样对待过我。面对精神暴力，你一定要坚持自己的原则，要展现自己的力量。

如果对方动粗了，怎么办？直接报警，这是你的原则和立场。无论是用自己的沟通方法，还是依赖家人的支持、法律的援助，总之，第一次出现肢体暴力，要让它消失在萌芽状态。要保护自己，不能让对方对你实施精神暴力或者肢体暴力。

拒绝精神暴力要有距离感

面对超强的控制或者鄙视和打压，要有距离感。不要在对方面前出现，要自己有事做。你每天忙得要死，没有时间天天跟他在一起，也就没有时间受他的精神控制了。他对你所说的话，你压根儿听不见。他想指责、掌控你，但是他看不到你，就无法挑你的毛病，无法再鄙视你。

拒绝精神暴力要有价值感

如果面临精神暴力，你一时半刻解决不了，怎么办？唯有拿时间来换空间，就是要在有限的时间里让自己成长。首先，必须出去工作。哪怕工资再低，也是一个机会：与社会联结的机会、不被淘汰的机会，也可能是升职加薪的机会，或者创业的机会。总之，要自己赚钱。当你羽翼丰满的时候，你就不会再焦虑了，你已经有了独立的勇气，可以跟他说"再见"。因为离开他，你可以过得更好。

我有一个闺密，她老公对她总是不满意，她就用两年的时间在医美行业做业务，从服务熟人介绍的大客户入手，慢慢发展起来，从年薪四五万元，到年薪将近100万元。她发现，她老公对她不但没有再PUA，反而主动照顾她，带她出去应酬。

人往高处走，水往低处流。当你有能力的时候，你的状态自然就改变了。当你的价值被你的伴侣认可时，你就会成为强者，他就会变成弱者。弱者是无法掌控强者的，所有的精神暴力都是强者对弱者的控制、施压。

就拿我来讲，三年前，我先生经常说我，对我"指点江山"。他那种不在乎的眼神，我是能看出来的。但是，三年后的今天，他经常说，仅仅三年时间，我就成了家里的顶梁柱。他对待我的那种欣赏的态度也非常明显。他以前吃饭的时候吹牛，都是吹他自己，现在都是在吹"我老婆很厉害，她是这个集团公司的股东"。他提到我的时候，身边的人都很羡慕他，他的状态和成就感是完全不一样的。

只有自己变得有价值了，你才能让别人觉得你有价值，你才能真正被爱，在婚姻中真正把握主动权，摆脱另一半对你的精神控制。

如果你非常确定你正在遭受婚姻里的精神暴力，不想过这种生活，下决心摆脱这种状态，那么可以按照我刚才说的几点去做，一定会拥有不一样的婚姻。

如何应对冷暴力

除了精神暴力，婚姻中还有一种暴力，就是冷暴力。冷暴力对女性和孩子的危害非常大。调查表明，50% 的人离婚的原因是冷暴力。如果在两性关系中，有一方存在冷暴力，那么这样的婚姻 90% 是不幸福的，被冷暴力的一方会很焦虑、愤怒，感觉不被重视和认可，会非常苦恼。

很多女性告诉我，她们经历了 5 年、10 年，甚至 30 年的冷暴力。很多女性还因此而生病，情绪上或者身体上出现问题。所以，女性一定要拒绝婚姻中的冷暴力。

冷暴力的三种表现形式

什么是冷暴力？它分为三种表现形式。

第一种，语言冷暴力。他经常不认可、不尊重你，经常批评你，从不欣赏你。这与我们所说的精神暴力有相同之处，也属于精神暴力。

第二种，眼神冷暴力。他的眼神充满了鄙视和冷漠，像冰冷的刺刀，深深地刺在你的心中。

第三种，时空的冷暴力。他对你不关心，表现得很冷漠。你做什么都跟他没有关系，你怎么样他都不在乎。总之，你在他面前就像是空气。

产生冷暴力的原因

对别人冷暴力的人，究竟在想什么？是什么原因引起的冷暴力？

对别人冷暴力的人心理极端冷漠、自私。你不开心了，他的目的就达到了，他是没有同理心和同情心的。此时，你所有难受的感觉都跟他没有关系，因为他的目的很简单，就是逼你就范。对别人冷暴力的人在精神和心理上给你施压、施虐，他是在控制你，他想通过这种方式来获取婚姻中的主动权，让你在婚姻中处于被动地位。你只有讨好他、依赖他，向他认错，他才会觉得心情舒畅，才能够"原谅你"。但一旦你认可他、讨好他，对他认错，你就掉入了陷阱里。你会一辈子都陷在被动中，他永远都处于主动地位。

冷暴力是怎么引起的？大部分原因是这样的人的父母之间处于冷暴力的状态，在原生家庭中，他得不到爱，不被重视，没有安全感。如果孩子6～12岁时，父母处于冷暴力状态，那么孩子长大后，在新的关系中也会处于冷暴力的状态。因为他童年时没有得到爱，他不知道怎么处理亲密关系，不知道怎么爱别人。他以为冷暴力就是在处理关系、解决问题，不知道冷暴力对别人的伤害有多大。

冷暴力对女人的伤害很大，女人可能会因此酗酒、抽烟，甚至出轨。女人会发泄情绪，如果不能对男人发泄情绪，她就会对孩子发泄情绪，所以孩子可能很受伤。孩子的原生家庭是这样的，他就会模仿原生家庭，长大以后，冷暴力又开始循环，不断地延续下去。在学校和社会中，对别人冷暴力的人也无法获得别人的尊重和关注。他可能会攻击别人，同时攻击自己，甚至出现抑郁症、自虐，以及肢体暴力行为，这样就麻烦了。

对别人冷暴力的人的特点

对别人冷暴力的人有几个特点是非常恐怖的。第一，非常记仇，一件事可以记好多年。第二，他把仇恨记在一起时，会有各种猜忌和猜想，他所有的猜想都是别人对他有多不好。此外，他还有一种非常强的能力，就是很有规划性、很冷静，报复的时候很有头脑。有一个案例，一个孩子小时候，母亲跟邻居打架，邻居把母亲打死了，这个孩子记仇，一记就是十几年。后来，某年春节，等邻居回家后，他把邻居一家全部杀害了。

所以，一旦我们的伴侣出现冷暴力，切记不要挑衅他。特别是很多女性在挑衅的时候还夹杂着鄙视和冷漠，去辱骂对方，说对方没有能力，甚至辱骂对方的父母，这都是不可以的。因为他非常记仇，也很自私，报复的手段会非常狠辣。

有的女性想给孩子一个完整的家，选择忍耐，自己对老公也采取冷暴力的态度。有的夫妻冷暴力多年，甚至有人达到了30年，这样的婚姻其实已经没有意义了。对方持续冷暴力，即使你认错、讨好，也不能挽救婚姻。因为讨好和认错的婚姻，夫妻不再平等，他不会再尊重、欣赏你，会觉得你低三下四，没有价值，不值得疼爱。你在他面前会变得没有影响力，更没有主导能力。

如何应对冷暴力

面对冷暴力，刚才我们说的几个坑千万不要踩。那么，如何应对冷暴力？

第一，要能够理解对方。女人都说，"这辈子能遇到一个懂我的人就够了"，男人也一样。如果他突然间被理解了，他心中的冰块就会被融化。冷暴力是由他的原生家庭造成的，他自己也很无奈。你只有了解了他的原生家庭，才能够接纳他。如果你不理解他，非要和他对着干，那么这段婚姻就永远处在负面情绪中，最终婚姻会"破产"。

有一次，我和我先生吵架后，两个人连续15天都没跟对方说话。他去阳台时，我待在卧室里；他在卧室里，我就去阳台上待着。那种状态是让人非常难受的，仿佛两个人谁都不认识谁。但是，晚上还要躺在一张床上。还好，有孩子夹在中间。后来，我理解他了。于是，我努力改变冷暴力的状况。躺在床上的时候，我直接钻到他怀里。一瞬间，冷暴力的情况就消失了。如果你的伴侣也是一个善良、有责任心的男人，那么你要去理解、接纳他，要学会沟通，用沟通化解冷暴力。因为冷暴力的人已经积攒了多年的负面情绪，你要慢慢"融化"他。

沟通的时候，首先要共情，把对方想说的话说出来，把他难受的点指出来。

第二，主动表达。要告诉对方，冷暴力使你很难受，要求对方做出改变。让对方发现，原来你也很难受，两个人就变得平等了。双方感受一样，那就一起努力把家庭经营好。

第三，达成约定。你可以说："老公，以后遇到这种情况，我们能不能过两天就说话？""如果你觉得我哪里做得不对，可以好好跟我沟通。"约定很重要。如果对方还是很冷漠，或者没有真的跟你沟通，你就假设他同意了，给他一个吻、一个拥抱，或者拍拍他的肩膀，对他说："老公，你同意了？我们说到做到，就这样约定了。"

第四步，鼓励对方。对于一个对别人冷暴力的人，给他一点温暖，他就会感到非常意外和惊喜。他在原生家庭中那么多年，思想观念已经固化了，但凡他有一点好的变化，你就给他点个赞。我是用手在我先生脑门上点个赞，我先生会还我一个拥抱。当他这样表达爱的时候，你要当成一种惊喜，要给他鼓励，他才会主动释放和解的信号。

我会经常夸我先生："哇，你太棒了！你跟以前不一样了。"然后我会倒一杯酒，很正式地敬他一杯。其实我可能是在夸大其词、小题大做，我的目的是让他感受到，他的一点点改变在我眼里是多么重要。我这样鼓励他，让他形成一种好的习惯。

第五步，多给对方一点时间。不要觉得你今天说了什么，他不同意，就没有机会了。在原生家庭中没有得到安全感的人，需要时间去慢慢"融化"。就像一个杯子，它现在零下30摄氏度，你需要一点点地让它升温。在婚姻中，时间是我们最好的朋友，我们要在婚姻的情感账户里慢慢存钱。我先生曾经是一个操控狂、一个语言暴力者，经过我慢慢跟他沟通，慢慢理解他、鼓励他，与他共情，到现在，他对我的态度非常好。所以，面对对别人冷暴力的人，首先不要放弃他，也不要自责、不要纠结，要有方法地、一点一滴地理解他、接纳他、温暖他。

并不是要一味地付出，而是要赢得男人的心，让他看到你的付出，看到你对他的接纳，最终引导他为你付出，让婚姻达到一种共赢的状态。如果只知道打压对方，与对方争个输赢，那么输的一方会长期处在压抑状态，赢的一方也不会幸福。只有双方共赢、同频共振，婚姻才能达到平等状态，夫妻才会互相尊重、彼此欣赏，一起成长。

如何管理你的期待

婚姻中的八种错误期待

每个人对婚姻的期待与需求都不同，在婚姻中，其实不存在"理所当然"与"应该"，这都是对期待的错误表达。什么是错误表达？比如，小朋友的哭闹和捣乱，是在用错误的表达来争取妈妈的关注，只需要抱一抱他、给他一个吻，告诉他"妈妈在关注你""妈妈爱你"就好了。在婚姻中，有八种常见的错误期待。

第一种错误的期待，"他应该知道我的想法和需求"。就是对方猜到了你的想法，你才会感到幸福。猜到了是惊喜，猜不到就是惊吓。在婚姻中，爱要大声说出来，你的需要也要大声说出来，大胆地对他说，"我感觉……""我需要……"。当然，如果你觉得对方满足你的需求是理所当然的，你心里就没有温暖、欣赏和感恩，因为你觉得那是"应该"的。其实，并没有谁的付出是"应该"的，要学会"应该"的反义词——"感恩"。

第二种错误的期待，"我的缺点对方应该接受"。不要指望自己的缺点在对方眼里也是优点，除非他一直蒙着眼睛。

第三种错误的期待，"我希望他让我一直有安全感"。 安全感不是对方给你的，而是你自己给自己的。缺乏安全感的人会有这些表现：对伴侣有强烈的依赖，因为害怕失去，所以对对方有强烈的要求和控制，以此来追求安全感。缺乏安全感的女人会经常问："你还爱我吗？"如果对方不说爱她，她会控制不住地胡思乱想，会要求对方经常给她打电话、出去时要拍照片给她看，或者查看对方的手机。还有的人会拼命表现自己的优秀，来让朋友、伴侣和家人认可。有的人还会因为缺乏安全感患上生理疾病。

男人的安全感多来自事业，女人的安全感多来自关系。安全感关乎与原生家庭的关系。如果一个人在童年时期没有得到足够的父爱或者母爱，长大后很有可能会找一个能给自己带来父爱或者母爱的伴侣结婚。但当这种爱得到满足后，被满足的一方可能会出轨，寻找男女之情。当然，也有很多人一辈子都没有得到过充足的安全感。

原生家庭存在哪些情况会影响一个人的安全感呢？以下三组问题，你可以自测一下。每一组的问题中，如果有三分之一或更多的答案为"是"，那你就存在安全感缺失的问题。

一、童年时期你与父母的关系

1. 父母说过你比较糟糕或者一无是处的话吗？

2. 父母体罚过你吗？比如用皮带、树枝，或其他工具。

3. 父母曾酗酒或者吸毒吗？让你感到恐惧不安、羞愧等。

4. 父母曾因身体或者情感问题而没有照顾到你吗？

5. 你曾因父母的身体或者精神问题而照顾父母吗？

6. 父母有没有对你做过不可告人的事情？比如性骚扰或其他。

7. 你是否曾在很长一段时间里畏惧父母？

8. 你是否对父母的愤怒不敢表达？

9. 你是否在贫穷中度过自己的童年？

二、成年以后你的感受和观念

1. 你觉得自己与他人的关系具有伤害性吗？

2. 你认为如果你与别人的关系过于亲密，对方就会伤害你或者抛弃你吗？

3. 你觉得生活中总会遇到倒霉的事情吗？

4. 你觉得实现自己的愿望或者说出自己的感受很难吗？

5. 你是否担心别人了解了真实的你之后，就不再喜欢你了？

6. 当你有了成就后，会不会经常觉得有人要揭发你，说你是个骗子？

7. 你会无缘无故地感到愤怒或者伤心吗？

8. 你是一个完美主义者吗？

9. 你觉得放松下来尽情享受生活很难吗？

三、成年以后你与父母的关系

1. 父母还把你当成孩子对待吗？

2. 你人生中做出的重大决定大多征求了父母的同意吗？

3. 与父母在一起或者想到与父母在一起的时光，你就会有负面情绪或者身体上的不良反应吗？

4. 与父母的意见不同会让你觉得害怕吗？

5. 父母会用威胁或者让你内疚的手段来操控你吗？

6. 父母会用金钱控制你吗？

7. 如果他们不高兴，你会认为是自己的错吗？

8. 你是否觉得无论你做什么总会对父母有所亏欠？

9. 你是否觉得父母总有一天会变好？

人想获得安全感，是为了更好地"分离"，目的是能够相信"我有资格独立地活在这个世界上，我有能力为自己的生命负责，我有责任感"。人只有独立了，才有责任感。只有具备安全感了，才能独立。请你做一个练习题：

在和伴侣相处时，你是否经常联想到你和父母相处的时光？写出两件事情，并联系上面的问卷，觉察一下，你的问题出在什么地方。

这有助于让我们看到那些在原生家庭中未被疗愈的伤害。如果我们一直用一个受伤的和未被疗愈的"小孩"的身份经营婚姻，那么可想而知是会困难重重的。可以经常去冥想，和受伤的"自己"对话并和解。

第四种错误的期待，"他爱我就应该让我高兴"。你可能会这样对对方说："是你说的，要让我开心一辈子，不让我受委屈。"当情绪的开关掌握在别人手中时，你就不能把握情绪的主动权。要学会情感上的独立自主，自己做的决定自己能负责。不要说"你说过对我负责的""你说过会让我幸福"这样的话，要做自己情绪的主人，觉察情绪，管理情绪，自我激励。

第五种错误的期待，"他应该永远对我开放和诚实"。"开放"，即舒展、释放、绽放、解除限制。如果你自己释放了、绽放了，你对他解除限制了，他也就开放了。"开心"，即心门被打开了，人也就开心了。一个人开心的时候，是没有抵抗力的，这时他很容易满足你的愿望。"纠结"，即纠在一起打成了结，把心结打开，就不纠结了。人只会开放自己想开放的部分，忠于自己想忠于的原则。所以，要先把对方的心门打开，给开放搭建一个平台，追求快乐，逃避痛苦。

第六种错误的期待，"婚后经济应该归我管"。这也是你在追求安全感和满足掌控欲，对你的另一半可能会很不公平。不要因为这件事而影响你们的感情。在现代社会中，女人在经济上要独立自主。

第七种错误的期待，"爱我就应该为我改变"。爱，是对人或事物有很深的感情，如此才能产生爱惜、爱护。爱是发自内心地、主动地付出。索要回报的爱不是真爱，而是高利贷。爱，就要尊重对方，成就对方，与对方一起成长，而不是让对方为你改变。

第八种错误的期待，"他应该把我的父母当成自己的父母"。我们与自己的亲人是有血缘关系的，基因才是绝对忠诚和信任的必要且充分条件。不要指望对方把你的父母当成自己的亲生父母，只要对方能够善待你的父母，孝顺他们，就已经足够了。

期待与情绪的关系

"应该"是亲密关系的痛苦源头，因为人是以自我为中心的，没有人喜欢被控制、被说教，没有人会完全知道你的想法，更不会完全按照你的"应该"去做事。人真正听的道理，是自己的道理。爱他，就先去掉"应该"。每个"应该"的背后都是一种期待，只要有期待，就会有情绪。期待与情绪的关系，是这样的关系：

现实 ＝ 期待　情绪平和

现实＜期待　失望、抱怨

现实＞期待　惊喜

时间可以疗愈一切，也可以毁灭一切。期待是为了满足内心的渴望和需求，当期待被接纳和被重视时，你的生命力就得到了滋养，于是有了好的情绪、行为、语言和感受。

如果"理所当然"的错误期待不被满足，我们就可能会出现几种错误的情绪：

1. 批评、指责

2. 蔑视、防御

3. 拖延、冷淡

4. 喋喋不休

5. 失落、委屈

当情绪来临时，我们经常会用"不要"的方式表达"想要"，出现以下几种对话：

1.——回来这么晚，你还要不要这个家？

　——这个家谁来养的？

2.——你不爱我！

　——你说到底要怎样才是爱！

3.——每天就知道喝喝喝！

　　——我喝酒难道不是为了这个家吗？

4.——就知道买买买！

　　——我这么辛苦做家务，买点东西怎么了？

每种负面情绪，每次指责、抱怨的背后，明明都是满满的期待，你却以推开对方的方式去"要"，对方看到的都是你的"不要"。你的负面情绪会激发对方的负面情绪，而你的爱也会激发对方的爱。因此，要管理你的期待。

如何管理你的期待

首先，要觉察自己的期待。要明白，有些期待能实现，有些期待不能实现。

其次，要合理表达你的期待。我们一旦有了期待，就等于把情绪的主动权交给了对方。你可以有期待，但对方没有义务一定要做到你所期待的样子。要允许对方不一定能做到，这样你就把握了主动权。当你认为对方没有义务一定要满足你的期待时，如果对方这样做了，你要学会感恩。即使对方是被迫的，也是因为他对你的爱。亲密关系中，"被迫"的背后都有一个"愿意"，所有的"愿意"背后都是因为"爱"。

幸福的婚姻不是唾手可得的，需要经营。虽然有挑战，但也有方法。请注意，幸福的伴侣无须比其他伴侣更聪明、富有、精明，而是需要在日常生活中看到对方每个期待背后的动机，能使对方产生积极的想法和情绪，使他不被消极的想法和情绪压倒。

第 6 章

学会在婚姻中
爱自己

如何在婚姻中爱自己

为什么要自爱

如果想从婚姻中获得幸福，首先要处理好你与自己的关系，要爱自己。"我若盛开，蝴蝶自来。"不爱自己的人，也不会给别人真正的爱，因为他不懂爱。太多的人只会关心别人，但从未真正关心过自己。想一想，你有多少时间是属于自己的？问一问，你是如何让自己开心的？

有的女人会说，"我把所有的爱都给了老公和孩子"。这种隐忍与自我牺牲，是源于她的不自信和自我价值感不强的心理，是期望用感动别人的方式来获得价值、认可和尊重。但或许，这不是对方所期望的方式。当她不被接受时，她会加倍地报复和索取。因为一个人只有爱自己100分时，才能给别人60分；当她爱自己只有30分、给别人60分时，需要再从别人身上索取70分，才能满足自己的需求。这样的爱，恰恰会给对方带来沉重的负担和愧疚感，是变相绑架的爱，是乔装打扮的高利贷。愧疚和亏欠不会带来健康的关系。所以，你给得越多，对方逃得越远。请收起你的牺牲和乔装打扮的爱，现在开始了解自己、欣赏自己、爱护自己。

也许你的财富越来越多、房子越住越大、车越来越豪华、吃得越来越丰盛，但你感觉自己越来越渺小了。也许你的掌控欲越来越强，但你掌控生活的能力却越来越弱。

人如果过于执着于外在的东西，会容易迷失心性。只有减少欲望值，才能提升幸福感。

要了解自己

什么是爱自己？爱自己的目的是什么？要懂得爱自己，首先要了解自己。"人贵在有自知之明。"只有在知道自己的优缺点和人生目标之后，才能整合人生路上的资源，取长补短，到达自我实现的彼岸。思考以下问题可以帮助你了解自己。

一、我是谁？

1. 我在生活、工作、原生家庭、婚姻中做了哪些事让自己感到自豪和被认可？

2. 我人生中遇到的最大的困难是什么？我是怎样战胜困难的？如果再出现这些问题，我会怎样处理？

3. 我对父母、伴侣是怎样表达情感的？我对表达自己的情感，尤其是表达愤怒、恐惧、悲伤、爱意怎么看？我有哪些情感难以表达？我和伴侣表达情感的差异是什么？

二、我想成为谁？

1. 当我去世时，我想留下什么遗产？

2. 我想在墓志铭上写，这里躺着的是一个什么样的人？

3. 当我闭上眼睛时，会想到还有什么重大目标没有实现而让自己感到遗憾和后悔？

4. 我如何成为一个更好的人？

5. 我面临的困难是什么？

6. 有哪些资源可以协助我？

要接纳自己

每个人都有完美之处，也有不完美之处。你觉得自己完美的地方是什么？不完美的地方是什么？《道德经》里说："天下皆知美之为美，斯恶已。皆知善之为善，斯不善已。有无相生，难易相成，长短相形，高下相盈，音声相和，前后相随。"翻译成白话就是："天下人都知道的美必然走向不美，都知道的善必将开始走向不善。'有无''难易''长短''高下'等都是对立存在的，都会随着时间而变迁。"

完美与不完美是一体的。改变能够改变的，接纳不能改变的，就是面对生活的最佳方式。所有的不完美背后都藏着一个优点。没有缺点，只有特点，场景不同，需要人们具备的特质也不一样。被上天关注的天才，也可能成为被聪明耽误的孩子；被人羡慕的精英夫妻，也可能有被财富和美貌耽误的人生。可以进行这样的练习：

1. 舒服地坐下。

2. 深呼吸，安静下来。

3. 对自己说：

"我对自己不满意的是……但我接受自己的不满意，因为每个人都不是完美的。"

"我会变得更加优秀。"

"我是一个健康的、快乐的、幸运的、幸福的、懂得感恩的人，我可以面对挑战，解决问题，成为一个有价值的人。"

"感恩上天，感恩大地，愿我的人生一切都好。"

我们还可以用"效用"来提升自己的完美度。

如果你认为贫穷给你带来自卑，请创造财富来代替它；

如果你对职场能力不自信，请创立一个企业来代替它；

如果你认为家庭关系不完美，请用和谐来代替它；

如果你认为自己身材不完美，请用自律来代替它。

没有绝对的自律，就没有绝对的自由。改变一个坏习惯的方法就是用一个好习惯来代替它。

合理表达自己的想法和情绪

引爆我们的情绪，背后有四个需求：

1. 认可与被认可。

2. 输与赢。

3. 控制与被控制。

4. 爱与被爱。

每种不好的情绪背后都藏着没被满足的需求。恐惧、愤怒、悲伤的背后，都是缺乏安全感，都需要被鼓励、被理解、被认可和被爱。职业女性的控制欲，其实是被理解、被爱的需求。全职宝妈的安全感，是被认可、被爱、被鼓励的需求。男人的控制欲，是被爱、被重视、被理解的需求。当负面情绪来临时，想快速复原，可以试试以下几个步骤：

1. 停下。

2. 深呼吸。

3. 抚摸自己的身体。

4. 观察自己的身体，和自己对话："我是怎么了？我在担心什么？我在害怕什么？我需要什么？"

5. 情绪平复后，不带情绪地表达你的想法、期望、愤怒等。

当你的需求和愿望没有被满足时，请做到不攻击、不抱怨、不逃避，要用尊重自己但不伤害别人的方式去面对，这是一种成熟的标志。

脾气越大，越是没有能力解决问题的表现。人的成熟比成功更重要，不成熟，就不会有持续的成功。

让自己充满新鲜感

爱自己，就要让自己充满新鲜感。可以通过美好的形象、新鲜的环境、一场说走就走的旅行等，让自己有好的感受，滋养自己的生命。

当生命得到滋养后，你才能做自己喜欢的事，并且用自己喜欢的方式做必须做的事。

让自己充满爱

爱本与生俱足，无须外求。当你感到缺乏爱的时候，乱的是你的心。这时，你的心里是迷惘的，你会感到没有目标，没有方向。要想办法改变这种局面，拥抱美好的事物，肯定自己的优点，热爱自己的生活，让自己充满爱。

独立与成长

我们要对自己的事情有掌控力，可以自己负责，这样才有独立性，才有高价值，才可以活出自己的人生。独立自主是有安全感的表现。女人如果在经济上严重依赖他人，她的自我价值感就会被侵蚀，她会做很多自己不愿做的事，无法做到独立自主。只有财务自由，我们才能获得真正的自由。

以牺牲自己为代价经营家庭，是很难幸福的；母亲以牺牲自己工作的方式来教育孩子，孩子会很难成功，因为他背负的期望太重了，负重前行很难走得远。

女人要变得自由、富足、丰盛，只有一个路径：终身学习。成长，是你终身的功课。诺贝尔文学奖得主莫言在他的著作《晚熟的人》里写道："婚姻本来就是一场合作，其实你没有必要弄成爱情的样子，记住了，爱会消失。底层男人为了续香火，中层男人为了找帮手，上层男人为了找强队友，渣男就是要你扶贫。婚姻本就是交易，找一个品行好的人你就稳了……要嫁一个心智成熟的男人，而不是嫁一个年龄大的男人。男人的阅历，责任感，成熟，跟年龄没有半毛钱关系，跟他的经历有关。时间久了，你会发现男人的长相和甜言并不重要，重要的是承诺能否兑现。"

　　所以，婚姻是两个人的事，但最终是一个人的事，我们总要靠自己。婚姻的本质是一场合作，只要是合作，就存在资源匹配的问题。

　　在婚姻中，你飞得太快了，就会把对方甩掉；你飞得太慢了，就会被对方甩掉。

　　不少企业家、明星，为什么容易离婚？不是因为他们变心了，而是一方飞得太快，另一方跟不上步伐了，所以离婚是必然的。夫妻间的高度存在巨大差异时，关系是很难调和的。最可怕的就是，一方在前进，另一方却在原地踏步。当你的老公飞得太快时，不要窃喜，而是应该有危机感。

　　你的圈子决定了你的生活品质，让自己和富足的人、幸福的人做朋友。你也可以选择建立自己的生活圈、朋友圈、工作圈，因为这也是你婚姻的一部分。女人最大的错误，就是为了最爱的男人放弃事业，没有了事业就不再有价值感。男人永远欣赏有自我追求的女人，这样的女人有着非同一般的魅力。如果你渴望美好的爱情，请努力让自己具备这种魅力。你要做到：穿得起几千元的大衣，也不嫌弃几十元的 T 恤衫；既可以小鸟依人，也可以自力更生。如果你选择在家做全职主妇，也要让对方觉得，你也在付出，也是在创造价值。否则，如果那只是你认为的价值，对方认为你没有价值，你就会感到失落、失望、自卑。

立志与自我实现

作为一个高价值的女人，要有远大的志向，要追求自我实现。毛泽东 17 岁立志，在诗中写道："孩儿立志出乡关，学不成名誓不还。埋骨何须桑梓地，人生无处不青山！"王阳明 12 岁立志做圣人，37 岁龙场悟道，后来真的成了一代圣人，他的"心学"流传至今。周恩来在中学阶段就立志"为中华之崛起而读书"。这些都是我们应该学习的榜样。

现在的人为什么那么脆弱？为什么那么容易被诱惑？因为很多人没有志向、抗挫力差。我们可以多读名人传记和经典著作。要有自己的特长和兴趣，还要有奋斗目标。在此基础上，最好能做一些帮助他人的事。

做到以上这些，你就是在好好爱自己，你的婚姻也会变得更加幸福。

如何走出至暗时刻

女人生命中的至暗时刻

有时候，我们的人生会遭遇至暗时刻。你有没有过以下几种情况？

第一种，原生家庭的阴影一直缠绕着你，以致影响你的人际关系、婚姻或者事业。 比如，在原生家庭中，父母非常重男轻女，你从来没有得到过重视，没有得到父母的欣赏。或者父母有长期的语言暴力、肢体暴力或冷暴力，让你一直都诚惶诚恐，没有任何安全感，步入婚姻后也总是对伴侣缺乏安全感。

第二种，在关系中遭到过背叛。 比如，在婚姻中遭到了老公的背叛，或者在职场关系中遭到了同事的背叛，在人际关系中遭到了朋友的背叛，让你不再相信任何人。

第三种，事业、人生走到了最低谷。 比如，有很多负债，在短时间之内无力偿还。

也许你的人生正处于至暗时刻，不是无路可走，而是不知道当下的路要走多远，还有多久才能看到光明。你对生活的信心受到了极大的打击，就像我下面讲的两个案例。

第一个案例，我的一个朋友和她老公青梅竹马，结婚以后，她老公却背叛了她。这让她受到了巨大的打击，她不再相信任何人。后来，她老公决定回归家庭后，还是舍不得出轨对象。这让我朋友感到很痛苦，她还要经常劝解她老公如何摆脱这种痛苦。她对我说："我觉得那段时间，我就是在地狱中度过的。"她爱她的老公，她的老公却在为另一个女人痛哭流涕。她什么样的方法都尝试过，为了两个孩子熬了五年，最终还是选择了离婚。

第二个案例是我一个粉丝的。她是一个小学老师，每个月的收入大概是 4000 元，她把赚到的钱，只留下 500 元作为生活费，剩下的全部给了老公。因为她相信她老公有做生意的头脑，相信他有能力成为富翁。她说，她那个时候很蠢，因为她和她老公郎才女貌，别人都很羡慕她，她就有点贪慕虚荣，在别人面前总是高高在上的样子。后来，她听到了她老公的一些风言风语。一开始，她不相信。有一次，她特意去她老公的办公室。她刚到办公室门口，就听见她老公正和公司的助理在里面说情话。那时，她居然不敢开门去对质。过了一年多，她老公的公司破产了，还欠了三四百万元的外债。这对她这个每个月只有 4000 元收入的女人来说，实在是承受不起。这时，她老公选择跟她离婚，去跟另一个女人在一起。她不但失去了老公，还要背负一半的债务。她作为一名老师，此前从来没有进过法院，在此之后，她经常接到法院的传票。她在同事面前很没有面子，也没有办法向任何人诉说。她发现身边的人看她基本上都是取笑的目光。这是她人生中最痛苦的时光，她用了将近十年的时间才走出来。

至暗时刻不能做的三件事

如果你目前处在人生的低谷，不管是原生家庭出了问题还是与你亲密的人背叛了你，或者是有事业上、经济上的压力，有三件事是不能做的。

第一件不要做的事，是到处找人诉苦。我身边有太多粉丝都会到处去跟别人诉苦，她们的潜台词是，"你们赶紧可怜我，你们看我多么不容易"。就像祥林嫂一样，每说一次就等于把自己的伤疤扒开一次，让别人可怜她们一次。她们永远是受害者，永远需要别人来拯救。但是，并没有人会来拯救，他们只会可怜、同情她们。即便是父母想拯救，他们有时也没有这个能力。闺密山有很多是假闺密，她们只会取笑你。

第二件不要做的事，是发泄给孩子。因为孩子是无辜的。孩子需要父母双方的爱，如果父亲缺位了，那么孩子唯一的选择就是爱母亲。如果他处在青春期，就更需要父母的陪伴。因为此时他的状态是不稳定的，他一边是理智脑，一边是情绪脑。情绪上来时，他的理智控制不住，连他自己都觉得自己反复无常。处于青春期的孩子，更需要父母给他一个安全的氛围，或者父母中至少有一个人有比较平稳的情绪。

第三件不要做的事，是自我否定、自我伤害。不要想"我不行""我没能力""我再也不可能有机会成为更好的自己"，这对你的信念是一种非常不好的否定。

走出至暗时刻的方法

那么，在至暗时刻该怎么办呢？接下来分享四种方法，帮助你走出人生的至暗时刻。

一、转变观念

我们经常说"境由心转"。你这个时候一定要记住，人生除了生死没有大事。我们和那些富人、有能力的人，最终都会走向死亡，都是一样的。那你还怕什么呢？有那么多同路人跟我们一起，只是每个人走的路稍有不同。所以我们要想得到光明，每走一步，都要向光明的路上迈近一步。

二、进入新圈子

我们要学会行动，进入一个新的圈子。如果你原地不动，你的结果一定是不变的。不要故步自封。

我有一个学员，在上课的时候，她跟我们讲："你们都不惨，我才是世界上最惨的人。"她小时候，父母重男轻女，把她寄养在爷爷奶奶家，没有人管她；上小学的时候，老师欺负她；上中学时，老师针对她；她工作之后，领导霸凌她；在婚姻中，她老公不爱她。倒霉的事情她都碰到了。她觉得自己是最不幸的人，又不能跟老公说，就把不开心的经历都放在了心里。因为婚姻一直都不幸福，有了孩子之后，她就把这种愤怒发泄到了孩子身上。她的故事瞬间拯救了现场 50% 的女人。这些人在同一个圈子里，发现虽然自己的人生很不堪，但是有的人的人生比她们还糟糕。这个倒霉的学员这么一说，其他人都踊跃发言，把自己不堪的经历分享了出来。

也许你有一些人生经历无处分享，无法释怀。当你进入一个新的圈子时，也许会发现圈子里的人和你是同频共振的，和你有相似的经历和至暗时刻，也有相似的心理问题。听到别人的分享，你也许会突然间发现，你的心理问题解决了。圈子里的每个人都把自己的一些经历讲出来以后，你们无形中就拧成了一股绳，大家同时拥有了一个安全的、可信任的、有共同能量的圈子。在老师的鼓励下，你们每个人都剖析自己那些被认为是至暗时刻的经历。一开始，你可能不愿意面对，不愿意接受这些至暗时刻，但当你能面对和接受至暗时刻，再想办法摆脱它时，你会慢慢看到黎明。

三、用物质奖励自己

接下来，要想摆脱至暗时刻，就要学会爱自己。人首先要解决物质问题，再去解决精神问题。如果你想爱自己，就先从物质上爱自己。有的粉丝对我说，她一直不能下决心对自己好一点，为了孩子和老公，她总是压抑自己的欲望。结婚这么多年，她从来没舍得给自己买什么好衣服或者好的化妆品，甚至连有哪些奢侈品牌都不知道。可是，她老公竟然知道非常有名的口红牌子，居然买给了别人。

请你不要像她这样，要用实际行动来爱自己。比如，你想买一件喜欢的衣服，如果在你力所能及的范围内，你就去买。听我讲了之后，有个粉丝告诉我，她下定决心爱自己的时候，用了将近一个月的时间考虑要不要买一件衣服。虽然这一个月她是在焦虑中度过的，但是当她买下那件衣服，穿在身上的时候，感觉整个人都被阳光照耀着，她从来没想过自己会有这样的感受。

四、在精神上愉悦自己

除了在物质上奖励自己，还要在精神上愉悦自己。比如，你可以去看一场电影，听你喜欢听的演唱会，或者每天花20元钱买一束花，把它放在身边。在没有做这些事情之前，你可能觉得自己做不到，或者觉得无所谓，不可能改变你，不会对你有什么帮助。但是，你这样做了之后，一定会有变化。所有的至暗时刻都会被你对自己的爱打败。因为只有爱自己，你才值得被爱。可怜之人必有可悲之处，同样，可悲之人必有可怜之处。我们不要把自己变成一个可怜的人，也不要把自己变成一个可悲的人，要把自己变成一个爱自己的人，以及一个值得被爱的人。

既然你是一个值得被爱的人，那不妨从物质上和精神上奖励一下自己，让自己有非常愉悦的感觉。只有愉悦了，你才能够好好对待自己的孩子和老公。你不用管别人会不会变化，首先自己要改变，变得开心快乐。做好你自己的事，别人自然会改变，这只是时间问题。

一个粉丝告诉我，她有一天下定决心和闺密出去玩，回来之后，她觉得自己的人生不知不觉地改变了，她自己也不知道为什么。她不再故步自封，不再抱怨，从负面的情绪中走了出来。她发现这么爱自己是很值得的。

我们回到那个老公出轨又欠债，还要和她离婚的粉丝的故事。她欠了很多钱，法院不断给她发传票，她感到很丢人。但是，她不能没有工作，不能连自己都养活不起。如果法院的传票影响了她的工作，单位把她辞退了怎么办？她在走投无路的情况下，去见了债主。债主是她老公的一个朋友。她去见债主时，债主很吃惊，他说："你们不是很幸福吗？不是有很多钱吗？"这个粉丝就把真实情况告诉了债主，讲了她有多么不容易，以前在朋友面前高高在上，现在只能低三下四。她还告诉债主，她真的没有钱，并且遭到了老公的背叛。她承诺，只要债主给她一些时间，她一定会还钱，希望对方不要再通过法院给她发传票了，这样会影响她的工作。

她当时纠结了很久，但当她直面问题，去找债主沟通的时候，她发现自己心里的石头有一半落了地。令她意外的是，债主了解了她的情况后，也能理解她的要求，就决定给她三年的时间慢慢还债。

此后，她觉得自己每个月赚4000元钱太少了，希望自己变得更好一点，就联系自己的大学同学、高中同学，请教别人是怎么赚钱的。有一个朋友拉着她去学心理学的课程，课堂上其他学员的分享给了她巨大的鼓舞。最后，在老师的指点下，她开始给别人讲课，靠每天讲三堂课的积累，她真的用三年时间就把钱还完了。债主说："你是我见过世界上最有良心的人。希望你接下来能有福报，一辈子幸福。"她觉得，这是她接受过的最好的祝福。

有一天，她12岁的儿子跟她开玩笑说："妈妈，如果有一天爸爸给你5000万，你会不会跟爸爸复婚？"她问儿子："你希望我和你爸爸复婚吗？还是说，我们缺这5000万？"她儿子说："那当然不是，我知道妈妈现在已经看不上爸爸了。你的成长我是看得到的，我觉得爸爸配不上你。"那一刻，她儿子给了她最大的安慰。当初那些人生的至暗时刻，她为了一个男人伤心欲绝；现在即使这个男人给她 5000 万，她都不想再看到他，更不愿意跟他复婚。为什么？因为她真的成长了。

当她从至暗时刻走出来，走到山顶时，发现那个"烂泥"还在原地踏步，她会觉得："我当时真的是瞎了眼吗？怎么找了这么个男人？"其实，不是她瞎了眼，而是她当时和那个"烂泥"有一样的层次、一样的能量，半斤八两，所以才会跟他结婚。现在不一样了，她已经走到了山顶，看到了不一样的风景。她私下跟我说，虽然她带着一个孩子生活，但是追求她的男人很多，而且层次、长相等综合条件都比她原来的老公好很多。

至暗时刻不可怕，可怕的是你没有下定决心去面对黑暗，走向光明。只要你下定决心了，强迫自己走出去，你的人生就会有不一样的结果。我讲课时，看到很多和我一样努力成长的女性，她们选择出来学习，与社会产生联结，她们中 99% 的女性都走出了至暗时刻。

亲爱的读者，不管是哪种原因导致的至暗时刻，都可以按照我刚才说的几个途径去尝试。人只有尝试了才可能有好的结果，千万不要把自己封闭在负面的环境中，觉得自己"不可以"，要不断给自己信心，然后去行动，换来幸福的人生。

如何改写人生剧本

婚姻幸福的前提，是你能够掌控它。人生就像一出戏，而你就是你这出戏的主角。

三种错误的人生剧本

如果你的婚姻不幸福，你的生活不如意，也许是你拿了错误的人生剧本。在不幸的婚姻中，大部分不如意的人都是拿到了以下这三种类型的剧本。

第一种，受害者剧本。什么是受害者？就是一种"我不行，你行"的心理。在这段关系里，大部分受害者都活得比较自卑、压抑和懦弱，可能会处于讨好的状态。在你低姿态的时候，你的能量就无法发挥出来，你无法活出自我、变得通透，会经常在抱怨、啰唆和懦弱中度过。

第二种，迫害者剧本。什么是迫害者？就是抱着"我鄙视别人、打压别人"的态度。比如，在精神上给别人施压，进行精神暴力或者冷暴力，挑剔、嫌弃别人，都属于这种情况，甚至还有肢体暴力。总之，在这段关系中，你一直处于主动地位，迫害别人。其实，迫害别人的人也不幸福。因为婚姻是夫妻合作，如果你占据主动权，对方就是受害者，你是赢家，对方就是输家，这样的婚姻是不平等的。所有的婚姻都要双方共舞，同频共振，互相理解。

第三种，拯救者剧本。什么是拯救者？就是抱着"我觉得你离开我是不行的，我在可怜你，在这个家里，我是无私的奉献者"的心态。拯救者也不一定很幸福。他认为自己帮助了对方，以为自己是奉献者，但是他骨子里也在索取，他需要对方信任、感谢、关注他，不允许对方背叛他。如果在这段关系中，被奉献的那个人没有达到拯救者的要求，拯救者就会变成失落者。因为没有得到满意的回馈，他的期望满足不了，他就会出现负面情绪，变得暴躁，不会再奉献。

我在前文反复提到，女人要爱自己，要奖励自己。我的一个粉丝说："我做不到奖励自己。如果我不给儿子做饭，不给老公做饭、洗衣服，他们就会很不适应。"我跟她说："你可以去采访一下你的老公和儿子。"她真的鼓起勇气问儿子："如果妈妈出去学习几天，没有人给你做饭，没有人给你洗衣服，会怎么样？"她儿子居然说："妈妈，我太开心了，真的吗？你终于可以出去几天了，我和爸爸可以点外卖了。"她很难过，问儿子："你为什么有这种想法？难道你不觉得妈妈做饭很好吃吗？"她儿子说："不是啊，我宁愿吃外卖。因为妈妈每次给我们做饭的时候，总是愁眉苦脸，在厨房里边做饭边唠唠叨叨，我和爸爸都受不了了。"

我的一个男粉丝说："我老婆每次做完饭，都不是把饭放在桌子上，而是扔在桌子上的。我吃我老婆做的饭就像在吃嗟来之食。"

要主动改写错误的人生剧本

在婚姻中，你拿到的是受害者的剧本、迫害者的剧本，还是拯救者的剧本？我采访了我的很多粉丝，大部分人拿到的都是受害者或拯救者的剧本。她们在不断付出、不断努力，把自己的时间和精力全部给了家庭。但是她们没有理想的经济收入，也没有得到男人的爱和孩子的尊重，更没有得到公公婆婆的支持。她们感到委屈和难过，甚至她们的老公可能还一直对她们施加精神暴力和肢体暴力。

不管怎么样，我们要改写错误的人生剧本。"我的人生我做主"，要对自己的人生承担起100%的责任。主角还是你，但是剧本已经变了。你从一个受害者、拯救者，变成一个责任者、创造者、挑战者。

再举一例　我的一个粉丝在东莞，她曾认为自己和她老公很相爱，可是没想到，有一天，她老公要离婚。她就问原因，一开始，她老公还支支吾吾的，最后被她问烦了，她老公直接告诉她："因为我找到了我的初恋，我要和初恋结婚。"这个粉丝不愿意离婚。她老公却说："如果你不离婚的话，我会一天打你三次。"这时，她老公的初恋已经和别人有孩子了。他们家里有两个儿子，一个7岁，一个5岁，老公宁愿抛弃他们三个，去养初恋的孩子。而且，她是一个全职妈妈，根本没有收入，她老公离婚时居然没有给她钱。最后，在她的百般祈求下，她老公只给了她两三万元的生活费，只够孩子一个学期的学费，连补习班的费用都没有。她当时感觉天都塌了，在家里哭了整整3个月。

那段时间，她无暇关注孩子们穿什么、吃什么，甚至他们是不是走丢了，她都不放在心上。在她的剧本中，她是一个受害者，每天都想："我老公为什么这么没良心？为什么把我抛弃？为什么两个孩子都不要，却养他初恋的孩子？难道我这么不堪吗？我就这么不受欢迎吗？我的人生就这么失败吗？"在她的剧本里，她老公是一个背叛者，她自己是一个受害者。她还去跟公公婆婆闹，希望他们可怜她，但于事无补。

很快，她家里真的捉襟见肘了。她以前不知道钱有这么重要，现在有两个孩子要养，哪怕自己活得再不堪，为了儿子，她也得出去赚钱。那个时刻，她发现自己已经变了，她感受到自己以前是个可怜者，可怜没有用，必须想办法赚钱。她就走出小区，去街上寻找机会。她脑子里只想着怎么赚钱，哪怕打杂也可以，做销售站柜台也可以。刚好他们小区不远的地方有个做形体培训的公司，她就进去求职。她很坦诚地告诉对方，自己需要钱，发多少工资都可以。刚好形体老师需要一个助理，就聘用了她。她对我说："很欣慰的是，这段经历改变了我，我把它当成人生最重要的机会，每个月能赚 2000 块钱，我都觉得是对我的人生最大的回馈，因为我不再思念我老公，不再觉得自己是个受害者。"而且，在形体课程中，她遇到了很多女性，大家会把自己的一些经历分享出来，她从中得到了治愈自己的力量。

如何改写错误的人生剧本

如果你一直拿着错误的人生剧本，想把自己的人生剧本就此改写，让自己成为一个幸福的、有主动权的人，那你一定要做到以下三点。

第一点，要拥抱变化。这个世界一直在变，唯一不变的就是变化。《桃花扇》中有这样的话，"眼看他起朱楼，眼看他宴宾客，眼看他楼塌了"。我也看到很多女性在人生的至暗时刻挣扎，看到她们起高楼，看到她们走到人生的高光点。我身边的粉丝，这样的例子比比皆是。我们要做的就是，不再抱着受害者或者拯救者的心态，要学会变化，拥抱变化。电视剧《狂飙》里有一个演员，他以为自己演的是个好人，演了一半导演才告诉他，他演的是坏人。他说没关系，是坏人，就按照坏人的样子来演。人生就是这样，当我们在人生低谷的时候，要想办法去拥抱变化，真正面对问题，然后想办法解决问题。

第二点，处于人生低谷时，要转危为机。"危机"两个字，拆开来看，就是危险的境地中一定有机会。因为上帝给你关上一扇门，就会给你开一扇窗，天无绝人之路。我看到很多粉丝都感谢自己人生的至暗时刻。如果没有走投无路，没有那种极端痛苦的情况，她们永远不会改变温水煮青蛙的局面。当她们面临人生低谷的时候，发愤图强，想不到自己会有这么大的能量。有太多女性，走到人生的最高点都是因为之前遇到了人生最黑暗的时刻。大部分作为受害者和拯救者的女性，经历过那段至暗时刻之后，会进入她们人生的高光时刻，会发生一些她们自己从来没有想过的好事。

第三点，永远不要把焦点放在问题上，而要放在解决方法上。我身边有很多姐妹，刚开始处于人生低谷的时候，她们的想法都是"我不会""我不行""我完了""我的人生再也没有希望了"。怎样才能改写人生剧本？不要太悲观，要想的是"我行""我会""我能做些什么"，把问题变成方法、变成行动。切记，每个问题都要写出 3 个以上的答案。比如，怎样走出人生的至暗时刻?

第一，学习。

第二，找朋友。

第三，爱自己。

第四，转移焦点。

第五，好好照顾孩子。

尽量写出 5 ~ 10 个方案。当你有 3 个以上的解决方案时，你的问题就已经解决一半了，你的路会越走越宽。当你有 10 个方案时，哪怕你不去做，问题也解决了，因为你已经有路可走了。你面前有 10 条路可以走，请选择其中最省时省钱、最容易做到的解决方案，一路走下去。

当你拿到非常不好的人生剧本时，千万不要害怕。首先，坚定地拥抱变化，人生的剧本都是可以改变的。其次，转危为机。如果你有危险了，就代表你的机会来了，代表你可能要走到人生的制高点了，因为人生是会反弹的。最后，无论遇到什么样的问题，你都要想办法解决。写出不同的方法，你就有了不同的人生道路。方法越多，你人生的制高点就会越高。我们一定要为自己的人生负责。我们不再是受害者、拯救者，而是拥有人生主动权的创造者、挑战者，是人生剧本的改写者。

如何建立经营婚姻的成长型思维

作为女性，要培养经营婚姻的成长型思维。因为社会在变化，我们也要不断地成长、变化，才能跟得上社会的变化，跟得上老公的变化。男人的社会压力很大，我们只有不断地成长、变化，才能与伴侣彼此欣赏，双方才能够共赢，夫妻才能长久地幸福下去。

如果我们想建立经营婚姻的成长型思维，有一些思维是一定不能存在的。

不要消极地猜忌对方

很多女性都容易陷入猜忌之中，比如老公不回家时，她们会想："他是不是在外面跟别人聊天，而且是异性？"如果看到老公用手机跟别人聊天，或者他把手机放到包里，又或者他在洗手间待久了，她们会想："他是不是背着我在跟别人搞暧昧？"她们不会有正面的思维，不会认为他是在处理工作上的事，不会认为他是累了，坐在马桶上刷一会儿手机，也不会认为他在外面工作不容易，有很多客户需要应酬。

她们从来没有同情、理解男人，更多的是消极猜忌、负面的思维。很多女性觉得："我老公有问题了，他在外面跟别人聊天，他不爱我了。"然后，因为自己没有安全感，她们就在老公的手机里找各种各样的证据。那么，这样的证据早晚有一天会出现在她们面前。

我的一个粉丝，自身条件特别好，是模特出身，找了一个机长结婚，两个人真的是郎才女貌。但是，她这段婚姻失败了。她出生的时候，国家还在实施独生子女政策，所以她家就她一个孩子。可她的家人重男轻女，从她出生那一刻起，她妈妈就没有过过好日子，没有人给她妈妈好脸色。她骨子里就有一种不安全感，一种不被重视、不被欣赏的感觉。她拥有很美好的生活，却一直觉得自己不配拥有。她老公出现在她面前时，长得帅、工作好、收入高，她很开心，但是又一直有自卑感，觉得自己配不上他。

她老公接触到的空姐又都很漂亮，乘客中也有很多漂亮女孩，她总是猜忌老公，觉得老公一定不爱她，她就想办法不断地查老公的手机。果然有一天，她看到老公单位办公室的一个女孩晚上问她老公"你在干什么"。就凭这句话，她就觉得老公一定有问题。

从那以后，只要她老公忙完回来休息的那两三天，两个人一定会吵架，她一定会闹情绪。甚至当她怀孩子两三个月的时候，吵架后，她不顾老公的劝阻和挽留，拿着行李就离开了家。出去玩了5个月，怀孕都已经七八个月了才回来。回到家，她推开门的一瞬间，果然看到一双女孩的鞋子在家里。一个女孩走出来，跟她解释说，不是她想的那样。她完全不听，果断地跟老公离婚了。她老公语重心长地告诉她："我是真的很爱你。刚开始，我真的不是你想的那样。如果你这么敏感，怎么能进入下一段婚姻呢？"不管她老公说什么，她都哭着结束了这段婚姻，自己养孩子。

如果一个女性永远活在猜忌中，那么她所有的行为都一定是负面的。

不要以偏概全或放大对方的缺点

我们经常对伴侣以偏概全。比如，老公不爱干净，或者他不会说浪漫的话，有的女人就觉得这个男人一无是处。也许婚前你觉得他踏实，没有太多心计，比较有责任感，但是婚后你发现他不爱说情话，就把他从头到尾全部否定了。这样以偏概全，是错误的做法。

还有，我们经常放大对方的缺点，却从不放大他的优点。经常有粉丝对我说："我老公一点优点都没有，我拿着放大镜都找不到他的优点。"我说："婚前你怎么不这么看？为什么婚前你看他全是优点，婚后就没有优点了？"这是因为她在婚后只放大了老公的缺点，忽略了他的优点。

经营婚姻的成长型思维一：有责任心

如果一个女人在婚姻中不幸福，她大概率不是一个高段位的女性。她会自卑，会觉得自己不如别人，会焦虑和抑郁，因为婚姻是女性的刚需。如果我们想在婚姻中一直幸福下去，就必须建立经营婚姻的成长型思维。

什么是成长型思维？你要先问自己："想不想过得幸福？"谁想要幸福，谁就要做出改变。接下来问自己："有没有必要和身边的这个男人过下去？"很多人都是"过不好，离不了"。为什么离不了？为了孩子，为了面子，为了经济保障。有些人离不了婚，但是又想过得好。有了这份信念，就要下定决心，自己想办法解决问题。不要有负面的思维，一个人一旦放弃了自己，那么别人就会放弃你。当你觉得自己不值得被爱时，就没人来爱你。女人的成熟比成功更重要。在婚姻中，要有责任心。没有人逼你进入这段婚姻，是你自愿的，是你主动选择了这个男人和这段婚姻，那么你一定要意识到，你是一个责任者。既然选择了，就要勇于为你的选择负责任。

婚姻如果失败，女人是有责任的，而不能把问题完全归咎于男人。也许你觉得身边的男人不好，他花心、不赚钱、出尔反尔。在你眼中，你们的矛盾永远是因为他有问题，你没有问题，那你就是小孩子的心态。正确的思维，是100%为自己的选择负责任。要想婚姻幸福，就要想办法改变它。谁痛苦，谁就要改变；谁想要幸福，谁就要改变。

经营婚姻的成长型思维二：解决问题

由抱怨性的思维转化为解决问题的思维。第一步，你要有觉察的能力。当你抱怨一个男人，觉得他一无是处的时候，当你怀疑、猜忌他的时候，你要觉察到："我又掉到陷阱里了，我又不能自拔了。"有了这份觉察以后，第二步要做的，就是从抱怨、猜忌变为解决问题。要用正确的方法直接面对问题，不要逃避，也不要把你的负面情绪传递给对方。不要翻看他的手机，侵犯他的隐私权。被他发现了，他会觉得你不信任他，婚姻就会出现裂缝。我们的能力是在一点点变强的，如果你有能力解决问题，你看问题的角度就会不一样，你就成长了。

那个模特出身的粉丝离婚后，别人给她介绍了一个优秀的男人。后来，她和这个优秀的男人结婚了。她想抓住这段婚姻，因为她害怕别人看不起她。她为了面子，为了孩子能有个父亲，非常重视第二段婚姻。结婚之后，她每天都在忐忑和焦虑中度过，又是每天都猜忌对方，害怕他出轨。

有一天凌晨三点，她在第二任老公睡觉的时候，从床上爬起来，拿着老公的手机轻手轻脚地去洗手间里查看。她像一个侦探一样，就在洗手间里猜老公的手机密码。3小时后，她解锁手机，快速找里面的照片，果然发现了问题。她老公某一天告诉她要和几个朋友一起出去玩，她却看到手机照片里有好多男人和好多穿着比基尼的女人在船上玩。她感到五雷轰顶，觉得老公骗了她。

但是，她不像以前那样了。如果回到以前，她一定会夺门而出，带着孩子离开这个家，而这一次她选择了直面问题。她很淡定，当作什么都没发生。两天后，她跟老公说："你不是告诉我那两天你出去玩了吗？你去玩什么了啊？"她老公说："就是很多朋友一起出去玩，玩了一下就回来了。"她继续说："你不是说都是男人吗？怎么有那么多穿比基尼的漂亮女孩呢？"她以开玩笑的语气这样说，没有表达自己的愤怒，其实是在压抑着忐忑和愤怒。

她老公当时很吃惊地说："你看我的手机了？"她说："对

呀，老公，我真的很爱你。你这么优秀，万一有女人看上你了，怎么办？我要想办法成长，提升自己。"她老公当时就释怀了，也能理解她，因为他们刚认识的时候，她讲了自己第一段婚姻的经历。她老公就告诉她："哎呀，我们能做什么呀？20多号人，男人在一块打牌，人家女孩穿比基尼也很正常。她们穿比基尼跟我有什么关系呢？那是别的女孩，你是我老婆。如果你不信任我的话，你肯定会回到以前的状态，请你相信我。"

她接受了老公的解释，没有走前一段婚姻的老路，但是仍然觉得没有安全感，认为自己空有外表，很空虚。于是，她不断地出去学习，学化妆，学演讲，学沟通，上了很多课。后来还报名参加了选美大赛，从一个普通人成为广州区的选美比赛冠军。

有一次，她带着老公一起去领奖。她老公说："没想到你也能站在聚光灯下，今天沾你的光了。"那一天，她老公放下身段，在后面帮她提裙摆。她回头看的时候，觉得老公好可爱。当时，她觉得自己跟老公真正平等了。现在，她的事业不断变好。再去看她老公，她竟然觉得："我老公长得这么安全，我那时怎么觉得那么不安全呢？"第一，她老公的个子没有她高。第二，她以前觉得老公的事业很好，现在觉得他的事业也就一般。第三，她以前觉得老公很帅，现在觉得没那么帅了。因为自己成长了，她发现老公真的没有以前想象的那么高不可攀，她就没有了恐惧感。夫妻聊天的时候，也有更多话题了。现在，她又生了2个孩子，一共有3个孩子，但她的身材依然保持得很好。她发现，女人的成长型思维是非常重要的。

经营婚姻的成长型思维三：拥抱变化

第三个经营婚姻的成长型思维，就是要学会拥抱变化。一说到拥抱变化，我的很多粉丝都觉得这是她们最大的痛点。因为她们整天围着孩子和老公转，虽然有工作，但为了照顾家庭，她们选择的都是稳定、清闲的工作，跟外界没什么交流，自己的层次没有那么高，所以心里总有一种忐忑感。看到老公不断变得优秀，她们开心的是老公能让家里的经济条件越来越好，但是她们又害怕老公不断变优秀，而自己却原地不动，会产生巨大的差距。以前，双方有很多话题，现在老公工作上的事从来不跟她们说，觉得她们听不懂，不能帮自己解决问题。她们唯一能做的，就是老公喝多时照顾一下。所以，她们很害怕老公的变化导致自己被淘汰出局，因为这样的事情太多了。

没错，这个世界在不断变化，人心在变，男人在变，社会也在变。生活在信息爆炸的时代，我们还没玩懂常用的 App，各种新的 App 就已经纷至沓来。很多女人被不安全感的阴影笼罩着，她们想以不变应万变，紧紧抓住自己的老公，不让老公跑掉。后来就发展成她看老公的手机，查他的微信聊天记录，学习各种应对第三者的方法，却从来没有充实自己的大脑。当你偷窥老公，想绑死他的时候，他是有感觉的。两个人睡在同一张床上，他怎么可能不知道？如果你在婚姻中不能够尊重对方，不允许对方按照他的方式生活，他就会觉得自己被你牢牢地攥住了，没有空间，没有被尊重。这时，你给他带来的是痛苦，他一定会想办法逃离。所以，一定要拥抱变化。就像齿轮一样，对方在不断地转动，你却不动，他会很痛苦。他是一个大齿轮，你是一个小齿轮，不断转动的时候，你们俩才能比翼双飞，彼此平等，互相尊重，彼此欣赏，共同成长。最终，你才能真正形成经营婚姻的成长型思维，拥有高情商的幸福婚姻。

如何温柔地表达爱

女人不再温柔的五种原因

在婚姻中，我们要温柔地表达爱。为什么现在很多女性不温柔了，不会表达爱了？也许她们原本很温柔，但是进入婚姻以后，反而变成了"铮铮铁骨"的女汉子。这是为什么？我做了很多调查，发现女人在婚后变得不再温柔有以下几个方面的原因。

第一，在婚姻中，女性会对伴侣失望。自己做事的时候还好，但是如果我们让对方做事，遭到了对方的拒绝，或者对方做得不如我们好，时间长了，我们就会成为独立的、刚硬的女性，不再温柔。

第二，来自育儿的压力。这个世界给人们的压力特别大，很多男人的观念依然是"我负责赚钱养家，你负责貌美如花"。但是社会在变，女人也要负责赚钱养家。女人一方面要工作赚钱，另一方面还要负责在家带孩子。男人一心只想搞事业，所以很多家庭都是"丧偶式育儿"。我们根本不懂儿童成长的规律，一个缺位的爸爸，再加上一个非常焦虑和压抑的妈妈，最后会培养出一个不知如何是好的失控的孩子。

第三，经济的压力。 女人也承担着很多压力，为了在家中有独立感、有话语权，女人也要出去赚钱。自己赚钱自己花，才有力量感。

第四，传统观念讲究委婉、含蓄。 也许没有人教我们如何做一个妻子，如何温柔地表达，如何处理亲密关系，所以很多女性在遇到问题的时候总是不会正确地表达。她们只知道当对方没有满足自己的期望时，就用负面情绪去表达，而不会正确地、科学地表达情绪，要么就一味地压抑自己。

第五，原生家庭的问题。 如果我们没有被温柔以待，那我们就不知道如何温柔地对待别人；如果我们没有得到爱，就不知道如何爱别人。在很多原生家庭里，如果父母重男轻女，或者父母经常出现冷暴力或语言暴力、肢体暴力，那么家中的女孩就没有得到爱，没有得到安全感。她的生命力没有得到滋养，她又如何知道被温柔以待是什么感觉呢？她又怎么会温柔地对待别人呢？

总之，以上五个方面都会导致我们作为女性，慢慢变得不温柔，变成女强人。特别是如果原生家庭的父母受到传统观念的影响，不会表达爱，那他们的女儿也就无法温柔地对待家人。

举个最简单的例子。我身边有一个学员，父母重男轻女。在她的印象里，因为家里生了好几个女儿，爸爸经常欺负妈妈，爷爷奶奶也欺负妈妈。她就想，"如果我是个男孩该多好"。她就以一个男孩的标准来要求自己，证明自己虽然是个女孩，但是不比男孩差，一定要比别人优秀。所以从入学那天起，她就是尖子生。工作后，她很要强。进入婚姻以后，她也很要强。教育孩子时，她依然很强势。她用一种高压的方式要求老公和孩子，始终觉得自己的老公不够优秀、孩子不够好。所以，她老公在她面前没有存在感。如果一个女人上能修灯泡，下能修下水道，那她还要男人干什么？男人在她面前，赚钱不如她多，气势不如她强，吵架也吵不过她，男人会觉得自己在这个家里没有地位。因为男人在骨子里，都认为自己是个强者，需要认可，需要老婆的崇拜。

为什么很多优秀的女人，婚姻都不幸福？我的学员里就有这样的例子。一名女学员自己赚的钱给老公花，老公却出轨了一个无论工作还是形象都比她差很多的人。她始终想不通。我告诉她："那是因为你是一个女强人，你把你的强用到了各个方面，包括你们两个人的亲密关系中。"她一下就懂了。如果没有被温柔以待过，我们真的不懂怎样温柔地对待身边的人。

悦人先悦己

我们要对身边的人温柔以待，特别是老公和孩子，但首先一定要学会对自己温柔以待。女人要悦己，不是"女为悦己者容"的"悦己"，不是让别人喜欢自己，而是要取悦自己。要让自己温柔起来，让自己的生命力被滋养。怎样才能成为一个"心花怒放"的女人？有三种方式可以取悦自己。

第一，要有好的情绪。面临压力的时候，有负面情绪的时候，一定要有科学合理的觉察情绪、辨别情绪、处理情绪的方法。有了好的情绪，有了温柔的状态，有了高情商，你才能给你的家人带来幸福。但记住，你自己才是好情绪的真正受益者。

第二，要在物质上取悦自己。"仓廪实而知礼节"，人要先有物质，后有精神。当你购买了自己心爱的东西，把自己打扮得漂漂亮亮时，顿时就觉得自己值得拥有幸福，值得被爱。

　　第三，要在精神上愉悦自己。这一点，我们在前面讲过，不再赘述。

　　当你对自己温柔以待时，你会发现自己以前是在输血，现在是在不断地造血，让自己变得更有力量感，能够很快从负面情绪中走出来。

用行动温柔地表达爱

　　我们表达爱，是要用语言的，要说出来——"亲爱的，我喜欢你，我爱你"。但是，除了语言表达之外，还有非语言的表达。我们下面讲五种方法，以语言或非语言的形式温柔地表达爱。

互赠礼物

　　想一想，你有多久没有给你老公送过礼物了？有多久没有收到过老公的礼物了？礼物可能不大，但它代表着一种心意。很多女人经常说，"买礼物应该是男人给我买吧"，从来没想过要给男人买礼物。其实男人和你一样，也需要被重视，也需要被你全心全意地爱着。所以，夫妻间要互赠礼物。

　　我先生以前从来没有给我买过花，他买了一款手表送给我，花了几万元钱，我很开心。可是，我对奢侈品没什么感觉，我喜欢花，希望他给我买花。但他那时只关注自己，喜欢和外面的朋友玩到很晚。在我过生日的时候、三八妇女节的时候、情人节的时候、结婚纪念日的时候，他都没有给我买过花。但是，他过生日时，我都给他买一大束花、订一个生日蛋糕。后来，我清晰地表达了出来："我的生日到了 / 节日到了，我看你怎么表现。"从那以后，他会给我买花、买口红等。真心换真心，有的人就是不敏感、不开窍，需要你主动去影响他。

懂得感恩

感恩是最能满足一个人虚荣心和成就感的事情。我怀孕五六个月的时候，我和我先生就经常互道感恩。谁先说的？当然是我先说的。我经常告诉他："我真的很感谢你，如果没有你，我不知道我这辈子会怎么样。"自从我认识他后，我就走出了自卑。我用了四年的时间找到自我，就是我先生身上那种热情和勇气，我受到了很大影响。当我对他表达感恩时，他经常说，"哎呀，你不要拍马屁了"，但我知道他很开心。我先生经常说："我认识你之后，自己都没想到我能发生这么大的变化。之前我就是江湖浪子，现在回不去了。想想那个时候，我过得太空虚了。"

好男人是夸出来的，好女人也是夸出来的。感恩是最高层次的表达，爱是最高层次的赞美。所以，你可以在重大节日时，很正式地对你的伴侣表达你的感恩。不管他怎么说，你都要主动表达出来。

创造高品质的二人时光

创造高品质的二人时光，是用行动表达爱非常好的方法。你们有多久没有好好在一起了？有多久是同床异梦？很多夫妻，看似两个人是在一起吃饭，但各自怀着各自的心思，忙着各自的事情，彼此没有眼神交流，也没有灵魂的交融。高品质的二人时光，就是你们坐在一起，安安静静地吃一顿饭，不看手机；安安静静地喝一杯茶，彼此聆听对方的心声。

为什么你会觉得你的伴侣婚前和婚后不一样，你不了解他是个什么样的人？因为人心是会变的。虽然你们共度了结婚后的这段时间，但是你们从来没有认认真真地了解对方的内心。请回答以下这组问题：

1. 你知道他身边最好的朋友是谁吗？
2. 你知道他最崇拜的明星是谁吗？
3. 你知道他最喜欢的颜色是什么吗？
4. 你知道他最近的压力是什么吗？
5. 你知道他未来的梦想是什么吗？
6. 你知道他当下想说哪一句话吗？
7. 他说了上半句话，你知道下半句是什么吗？

我和我先生能答出大多数关于对方的问题。有时候，我说完上半句话，他就知道我下半句想说什么。有时候，他给我打电话的那一刻，他就知道我在干什么。我经常说："你难道在我身上安装了摄像头吗？"其实是因为我们经常创造高品质的二人时光，所以对彼此有很深的了解。如果夫妻之间没有高品质的二人时光，就要去创造，散步、喝茶、吃饭都可以，用这种非语言的方式温柔地表达爱。

拥抱彼此

别看只是简单的拥抱，如果你心里不喜欢这个男人，或者他不爱你，其实是很难做出这个动作的。在家里，可以经常牵一牵对方的手，抱一抱对方，给他一个吻。有的粉丝告诉我，他们已经两三年都没牵过手、没亲过，拥抱就更别提了。

你的心会带动行为，行为也会带动心。我们不开心的时候，为什么要微笑？因为有时候微笑了，你就开心了。这是一个相辅相成的过程。当你们牵手、拥抱、亲吻的时候，你能做出这个动作，它就会带动你的心，也能够带动对方的心。所以要定期拥抱彼此，哪怕一天一次、两天一次，要以这样的方式来温柔地表达爱。

完成对方惦记的事

这是所有婚后的男女最不了解、最容易忽视的表达方式。我们经常会觉得对方啰唆，一件事要说 10 遍、20 遍。但是他说了那么多遍，你为什么不听？他为什么要说这么多遍？看似在唠叨，其实唠叨的背后是他的期望没有被满足。比如，男人总是说女人唠叨，是期望女人安静一会儿，不要打扰他，给他安静的空间。女人总是唠叨男人不回家，代表这个女人期望男人回家多陪自己和孩子。

很多人听不懂对方唠叨背后的期望，双方一直在低效的沟通中度过，甚至到婚姻破裂的时候，他们都不知道婚姻为什么破裂。什么是正确的沟通方式？就是一问一答。女人说："老公，你今天晚上能回来陪陪我吗？"男人答："可以。"女人问："老公，你周末能不能把孩子带出去？"男人也回答："可以啊。"但是很多人恰恰不会这样表达，而是用错误的方式表达，再用错误的方式理解对方。夫妻双方要学会完成对方碎碎念的事情。你可以先完成你老公碎碎念的事情，再让他想想你碎碎念的有哪些事情，让他去完成。能彼此满足，就能懂对方的心。男女都一样，这一生都是想找一个能够懂自己的人。

第 **7** 章

如何在婚姻中
正确沟通

————

如何赞美才有好效果

幸福的婚姻，一定少不了双方积极的、正确的沟通，这并不是人人生而就懂得的事，而是需要后天的投入与努力。

在沟通时，赞美的作用是最大的。赞美是婚姻最好的保鲜剂，鄙视是婚姻最大的腐蚀剂。

为什么要赞美

人们经常说，"好男人是夸出来的，好女人是夸出来的，好孩子也是夸出来的"。因为只有拥有好的感受，我们才能更好地接受对方，好的感受一定是出现在接受前面的。你有好的感受，才能够更好地爱你的伴侣，更好地教育孩子。此外，所有生命的底层需求都是被认可、被鼓励和被欣赏的。所以赞美的作用很大，一定超过婚姻中的任何说教。

怎样赞美才能有最好的效果？

想赞美别人，要先赞美自己

"我"是一切的源泉，有"我"在，这个世界才存在。只有在赞美自己时，你才有更多力量，才有更多愉悦感。如果我们一味地赞美别人，一味地阿谀奉承，往往会迷失自己。

要赞美自己，就一定要发现自己的优点，这样才能理直气壮。你的优点是你人生中最大的动力。讲一个简单的例子。我在做短视频之前，是没有信心的。之前我带着团队成员，打造了几位全网 3000 万粉丝的网红老师，而我作为管理者，如果自己没做起来，可能会让签约的其他老师对我没有信心。我就开始寻找自己的优点，回顾自己的经历。我从一个很不起眼的女孩，成长为上市公司的创始股东之一。我发现自己有非常大的优点，就是努力和坚持。了解了自己的优点后，我突然间就有了很大的动力。

将错误的事情转变为正面的动机

人无完人，每个人都会犯错，不要总是自责："如果我不犯错会怎么样？""我怎么那么傻呢？""我又做错了，太丢人了。"要想解决办法。如果你真的想夸奖自己，就要想办法把错误的事情转变为正面的动机。比如，"还好我做错了，因为做错了，我知道了我有哪些不足。""还好这是小事，万一是大事做了，那我的损失岂不是更大？"

以前，我去应聘助理不成功，因为我根本就不会整理数据。我去应聘股票交易员，也不成功，因为缺乏专业知识。现在想一想，幸亏没有被录用，幸亏那个时候我不行，否则哪有今天的我呢？所以，一定要从以往的失败中找到正面的动机，不要陷入深深的自责中。因为自责只能让你不断地陷入负面情绪中，对你的能力增强毫无帮助。

接受自己的不完美

赞美自己就要接受自己的不完美。有很多人觉得自己不够好——"我胖""我不会说话""我没有钱""我不年轻""我不行""我不会"。当你被框在这些负面评价里时，你就没有了创造力。我经常对我的孩子讲，不要说"妈妈，我不会"，而是说："我该怎么办？我怎样才能学会？"任何人都不是完美的，只要不让你的缺点影响你的优点，不成为你人生路上的绊脚石就够了，不要奢望成为一个完美的人。

人们都知道木桶效应，是要补最短的板，才能装更多的水，但是管理学的理论打破了这个"魔咒"。从管理学的角度来看，要想装更满的水，就要让团队的每个人都发挥出自己的优点来，每个人的优点组成一个杯子，杯子里的水就更满了。所以，我们只需要把自己的优点发挥到极致，不要被自己的缺点牵着走。完美不重要，完成才是最重要的。我们的使命就是通过接受挑战，通过自己的创造，让我们的人生变得更好，创造价值，服务更多的人。

找到他人的优点

怎样夸奖别人？要找到对方的优点。是人就总有优点，你试着努力找到他的 30 个优点，背下来，做到在夸他的时候能脱口而出，顺其自然，毫不掩饰，毫无瑕疵。

假如他真的没有明显的优点，就从他的特点中找到积极的一面。比如，你老公赚钱少，那你可以这样想："因为我老公不太会赚钱，所以他能踏踏实实地待在家里。他每天下班就回家，我能享受到更多二人时光。"又如，你老公很舍不得花钱，那你可以这样理解："我老公很会过日子。如果他是一个大手大脚的人，我们的日子一定过不好。"再如，你老公不会说好听的话，你可以这样想："因为我老公不会夸人，他不像别人那样会花言巧语，我也不用担心他去拈花惹草。"你这样去理解问题，会突然间发现你老公的优点还是蛮多的。所以，我们要学会看到老公缺点背后的优点。因为灰尘背后，也许就是一块闪闪发光的金子。

赞美老公具体的行为

赞美老公的时候，要夸到点子上。比如，你老公外表并不出众，你却夸他"老公，你好帅呀"。他可能会说："你胡说，我自己有几斤几两，我不知道吗？"不要胡乱赞美，要夸到点子上。你可以说，"老公，你在我眼里是最优秀的"，不能说"我老公是世界上最帅的男人"。

要赞美具体的行为。我先生经常买很多衣服，他试衣服的时候说："老婆，我这件衣服穿着怎么样？"我说："这件衣服你比那些模特穿着还要好看。哎，你明明可以靠颜值，为什么偏要靠实力？"他就非常开心。

有一次，我工作到很晚才回家，回来后发现我先生在陪儿子看电影。晚上睡觉的时候，儿子告诉我他很开心，因为他爸爸给他点外卖了，又陪他看电影了。我就夸我先生："老公，我要给你点个赞。我带了儿子这么久，从来没有听到儿子夸我，今天他说你给他点外卖了，还陪他看电影了，说你是世界上最好的爸爸。"最后一句话是我加的，他听了之后真的是心花怒放，他现在带孩子比我带得还要多。

很多男人大男子主义，不爱下厨，女人就不让他们下厨，因为他们做的饭太难吃了。我先生在认识我之前，从来不进厨房，一日三餐都点外卖。后来，我有一次工作完回到家饿了，让他做饭，我把饭吃得精光，汤都喝完了。我说："从来没有吃过这么好吃的饭。"后来，我先生就对做饭很有积极性，晚上经常主动给我做夜宵。我虽然怕胖，但更重要的是幸福，我就吃他做的饭，然后高度赞美他。

所以，不要平白无故地夸老公，要针对具体的事情夸他，他会非常高兴。

赞美老公的改变与进步

最后一点，要夸他的改变与进步，夸他的成长。没有人能一次就把事情做好，但凡他有意做、有进步，你一定要"夸大其词"。什么意思？就是小进步，大夸奖，让他觉得，"哇，我这么一点点努力，老婆这么受用"。只要你老公一努力，你就拼命地夸他，把效果放大。

假如你老公是冷暴力的人，经常鄙视你、不跟你说话，哪一天他跟你说话了，你就夸他："老公，真的吗？我没听错吧？你变了，我的老公怎么这么优秀？"你要表现得很开心，给他做点好菜，跟他喝点小酒，假装自己很激动的样子，让他看。夸张一点也没关系。

假如你老公经常晚回家，哪一天他突然早回来了，你不要恶语相向，不要亲手把他推出去。你可以开玩笑说："老公回来这么早，太阳好像从西边出来了。""老公，你在家里坐着，我给你好好做顿饭，奖励你第一次这么早回家。"你老公下次还会积极地早回家。

如果你老公从来不给你送礼物，他哪次送了礼物，哪怕是在街边给你买了条10元钱的丝巾，你都要每天戴在脖子上。哪怕觉得它丑，出了门把它扯下来，在你老公面前也永远戴着。你可以说："我老公第一次给我买的礼物，有象征意义，我要天天戴。只要不烂，我就永远戴着。"他会觉得："天哪，我花10块钱给你买的礼物，你都这样戴，下次给你买条1000块的。"

好老公都是夸出来的。掌握了赞美老公的技巧，灵活地运用，你们的婚姻一定会更加幸福。

如何巧妙倾听对方

为什么要懂得倾听

在婚姻中，沟通非常重要。沟通不只是要正确地说，更要巧妙地倾听。要想婚姻的幸福指数变高，假设别人不改变，我们自己不妨先学会倾听。你只有巧妙地倾听对方了，才能知道对方在想什么，才能有的放矢地表达自己的需求。要做到他在表达，你在倾听；你在表达，他在倾听。这样才是双向奔赴的沟通，才是一个沟通的闭环。如果不会倾听，对方说的话你不懂，你说的话他也不懂，那就是对牛弹琴，就会话不投机半句多。

男人终其一生都想要一个非常忠实的听众。你只有会倾听，才能真正了解一个男人。他的想法是什么？他的压力是什么？他的期望是什么？他的价值观是什么？他的原生家庭是怎样的？他的知己是谁？我们只有不断地倾听，才能在心里描绘出一个对方完整的形象。甚至通过一系列倾听，你会达到这样的程度：男人只要眼睛一动，你就知道他想干什么；他一说话，你就知道他下一段要说什么。因为你了解对方。了解对方之后，你才能知道什么样的表达方式是对方想要的，才能够四两拨千斤——花费很小的精力为对方做一点事，他就会觉得你很懂他。其实是因为你通过大量倾听，充分地了解了他。

如果你是一个非常好的倾听者，男人一定会很喜欢你，因为他觉得你是他最忠实的粉丝，他会把所有的压力都讲给你听，你就成了他的知己。最好的夫妻感情，就是一方是对方的知己。他会把他遇到的事情源源不断地跟你沟通，他会变得离不开你。

倾听中要避免的三种错误

在倾听时有很多大忌，特别是夫妻之间，很容易出现一些错误。不要觉得是自己人，就可以缺乏尊重和敬畏。有的行为如果是对待朋友或者上司，我们绝对不会那么做，但恰恰是自己的伴侣，我们往往会那么做。在倾听时，不要犯以下几种错误。

第一种错误，在对方刚说一半的时候，你就打断他。有很多女人会对老公说："哎呀，不要说了，你说的那些东西没有用。我告诉你怎么办。"这就是从来不听别人的话，别人一张嘴就封了他的喉，急于表达自己的想法，批评别人的方法，把自己的观点强加给别人。

第二种错误，我们女人经常会转移注意力，让男人觉得他不被重视。男人正想跟你分享一些事情时，你一会儿洗碗，一会儿擦桌子，一会儿洗衣服，走来走去。男人会变得不想跟你说了，什么兴致都没了，就自己到别的房间去了，甚至闷闷不乐地去抽烟，因为他觉得他说的话没得到你的重视。

第三种错误，很多女人，因为家里杂事繁多，又要照顾孩

子，有的时候还在工作，所以当伴侣想说话的时候，她们往往会懒得去听，让对方赶紧结束。女人会抱怨："哎哟，我还烦着呢，我压力很大。你别啰唆了，赶紧说完。"这就让男人整个人都蔫儿了，干脆就不说了。这是我们在倾听伴侣时的大忌。

巧妙倾听对方的四种技巧

我们怎样才能成为一个优秀的伴侣？要通过倾听了解你的伴侣。怎样才能通过倾听让我们成为伴侣的忠实粉丝？怎样才能通过倾听让伴侣爱上我们？想让对方通过倾听依赖我们，要做到以下几点。

形式上重视

你的注意力要全部集中在他身上。我先生有时候喝完酒回到家，急于跟我说一些话，从"今天晚上吃了什么""有哪些人在"到"哪些人在吹牛""哪些人是骗子"……这个时候，我会非常有兴致地倾听。他坐在哪里，我就搬个小板凳坐在他面前，配合地问："发生什么事了？"我全心全意地倾听，让他觉得我很重视他，他就很开心。他开心，我就也开心。夫妻之间需要的是什么？就是彼此的欣赏与尊重。

不要争对错

成年人是不争对错的，只看利弊。我们在家里倾听对方时，不要带着任何观点。当我们很放松地谈一件事情时，一旦谈论对错、输赢，倾听一定会以失败告终。因为有对就有错，有赢就有输，错的那一方、输的那一方一定是不开心的。很多女人会说："你不要说了，我知道这件事情一定是你的错。如果不是你有问题，怎么会变成今天这个样子？"对方给你开放式的怀抱，你却给他一个负面的标签，生生地制造出了矛盾与对立。

学会互动

什么是互动？我们要经常假装很欣赏对方，表现出你很有兴趣。对方说话的时候，你要经常点头，并且用语言表达，"你说得有道理"。越是这样给他鼓励，他就越自信，跟你讲越多的话。有时候，我为了听我先生说话，吃饭的时候会把筷子放下来，认真地听，表现出一种非常有兴趣、津津有味的状态。

这样做不关乎你们俩的感情，不关乎事情是否重大，目的是给他开放一个空间。那些经常抒发自己的情感，只顾着谈论自己的女人是很愚蠢的。要鼓励对方说更多的话，以此增进彼此的感情。在夫妻沟通的过程中，表达的人是在付出，倾听的人也是在付出。

要有共情

当他说得开心的时候，你要跟着开心；当他说得不开心的时候，你也要跟着不开心。我对我先生就是这样。他说得开心的时候，我说："老公，表现不错，加油，今年一定发大财。"如果他不开心，我也为他伤感。他和他奶奶感情特别好，有时候，他喝了酒会说"我想我奶奶了"，我就会跟他共情，心疼他，安慰他。

如果你们有一件非常重要的事情要共同面对，还要具备两大能力。

　　第一，发问。对方有时候表达得不清楚，你就要发问。理解不清楚的时候，做事往往事与愿违，最后两个人因为这件事情吵架，很不值得。

　　第二，启发。启发你老公不断地想方法，学会提开放式的问题。"是今天还是明天？"这是封闭性的问题。开放式的问题是："老公，你觉得我们星期几，要怎样给我过这个节日呢？""我们去哪里吃饭呀？"经常提开放式的问题，你会发现，你老公比你想象的要有智慧得多。这时要及时鼓励他，比如对他说："老公，同一个问题，你能找出四五种解决方案，你真是有智慧的男人。""老公，我为你点赞，我为我有你这样一个老公而感到自豪，我是世界上最幸福的女人。"

　　在婚姻中，要想夫妻间有好的沟通，你要做一个非常好的倾听者，巧妙的倾听必不可少，倾听的方法也要记牢。

如何示弱和撒娇，收回对方的心

示弱和撒娇是高情商的沟通方式

在婚姻中，与伴侣进行沟通时，女人还有一种很好的沟通方式，就是通过示弱和撒娇来收回对方的心。我们经常说，"撒娇女人最好命"，会示弱、会撒娇的女人，能让男人如沐春风，能在家中给对方提供情绪价值。一个人只要心情好，再苦、再累也没关系。所谓的"男女搭配，干活不累"，有了女人的温柔陪伴，男人即使身累，他的心也不累。只要男人发自内心有一种喜悦感，那家庭中的矛盾就会越来越少。

首先，我们一定要有一种思维，示弱、撒娇不等于讨好，而是一种高情商的经营婚姻的方式。一方面，要做到的是不伤害别人，你让别人开心了，肯定就能做到不伤害别人；另一方面，不能让自己受委屈，如果让自己受委屈了，也不是一种高情商的表现。

其次，示弱、撒娇不是发嗲，也不是娇滴滴。这些表现通常被视作撒娇的方式，但是示弱和撒娇其实有很多种方式，这和每个人的个性相关。像我这种强势的人，示弱和撒娇可以，但是发嗲、娇滴滴我做不到。要是你心里能接受的方式才行，不一定是一种180度大转弯的改变。如果你自己都觉得恶心，那对方也会觉得"你是不是吃错药了"，他也不接受。

最后，我们要破除一种思维误区。我们是想通过示弱、撒娇的方式让我们的婚姻幸福，让对方和自己都有好的感受。这是好的沟通方式，绝对不是掌控别人的方式。有很多女性以为，示弱、撒娇了，对方就能给她们钱，以及更多地陪伴她们。要知道，适当的示弱和撒娇，能够让你的婚姻有一种新鲜感、甜蜜感，让你们之间不再有那么多矛盾和冲突，这才是最重要的。至于他会不会给你钱和拿出更多时间来陪伴你，不要强行去渴求，因为一旦渴求就有了期望，如果对方做不到你所期望的，你就会有一种不好的情绪，会产生抱怨。示弱和撒娇是一种经营婚姻的智慧，是一种好的沟通方式。如果把它当成一种索取、勒索、交换，你的负面情绪就会越来越大，所以要带着一种轻松的心态，不要太在意回报。

示弱和撒娇的方法

接下来，分享几种示弱和撒娇的方法。这些其实很多女性都会用，只要在生活中有一点点觉察、一点点改变，夫妻关系就会有所改变。

在心理上对男人欣赏、仰慕

如果非常欣赏、喜欢他，你自然而然地就变成了一个小女人，觉得这个男人能够保护你，嫁给他很幸福。但是，为什么有的女人在婚姻里会变成女强人？因为她觉得男人配不上她，不能给她带来她想要的东西，对男人的期望过高，于是在心理上没有那种仰慕感，反而变成一种鄙视和抱怨。如果她在心态上是高高在上的，那么她对男人一定是俯视的，很难调整到示弱和撒娇的状态。

我本人是很强势的，但是遇到我先生之后，我在他面前是很弱的。因为他是我喜欢的类型，我很欣赏他，自然而然就表现出了示弱的状态。有的女人对自己老公的评价很低，那当初为什么要嫁给他？但凡一个正常的女人，嫁给一个男人，一定是因为他身上有独特的优点，要么他会过日子，要么他踏实稳重，要么他很会说浪漫的话，很懂你的心……所以，要先解决你的心理问题，再找到老公的优点，对他有一种仰慕感、欣赏感。

在表达上善用欣赏性语言

示弱和撒娇，要在表达上善用欣赏性的语言，不要用鄙视性的、打压性的、挑衅性的语言。怎样把不好的语言转化为欣赏性的语言呢？比如，我先生喝酒一喝多了，就喜欢在饭桌上到处给别人打电话，其实我最讨厌他这样。我觉得："一个人如果控制不住自己的嘴，他怎么能干大事呢？"而且，他给别人打电话，如果是比他层次高的人，为了炫耀，他会开外放功能。如果接电话的是我，知道他有这种行为，我会以后不再跟他交往。怎么办呢？我需要把他的缺点转化为优点。我会在第二天对他说："老公，你昨天打的电话，所有人都知道你有这么高层次的朋友了，他们都惊讶得合不拢嘴。我怎么能这么幸运，找到这么好的老公呢？我觉得我太幸福了。"他就很开心。接下来，我说："你昨天用外放功能给这些人打电话，如果让对方知道了可能会不太好。我们可不可以在喝酒以后，不给这些人打电话呢？我希望可以协助你。能不能在你最想打电话的时候，把手机放到我这儿？"他回答说："可以可以，我都忘记我做了哪些事了。"问题就这样解决了。所以，我们要想办法把讨厌对方的感觉克制住，变成协助他改变缺点。用欣赏性的语言，让双方的好感不断加强。

注意语音、语速和语调

说话的声音最起码要好听一点，不要像男人那样粗声粗气，要展现女人的温柔。语速千万不要太快，吵架、愤怒的时候，一定会能量感爆棚，如果是超级快的语速，就会伤人。在日常生活中，夫妻相处时可以把语速稍微调慢一点。很多人天生就是大嗓门儿，语速也快。但是如果你想通过示弱和撒娇，把家庭关系搞得好一点，你就要想办法去改变。人是可以改变的，不改变的人，要么是不够痛苦，要么是诱惑不足，要么是很懒惰。另外，说话的语调也可以低一点。

用一句话来总结，就是"好好说话"。有多少人没有好好说话？有多少人是通过一种要求的、抱怨的方式跟老公沟通的？其实好好说话很简单。比如，压低声音，慢慢地说："老公，今天晚上想吃什么呀？"这就是示弱和撒娇的方式。又如，高声而快速地说："老公，你干什么去了？还不回家！"这就是一种怼人的方式。只要你的声音稍微女性化一点、语速慢一点、语调降一点，你老公就会觉得你变了。他可能不知道你哪里变了，但是能感觉到你变得有一种阴柔之美了。

使用适当的肢体语言

很多女人是这样的：男人不拉我的手，我也不拉他的手；男人离我远一点，我也离他远一点，从来不主动。在传统观念中，女人是要等男人来主动追求的。这是在婚前，婚后就不一样了，婚后我们也完全可以主动。通过肢体语言去行动，我们的心理也会随之改变。

我和我先生出门时，我会先牵他的手，因为他个子比我高不少，走得比较快。我牵他手的时候，他走路的速度就放慢了。有时，他会回头把手伸出来牵我的手，我就觉得特别幸福，会挎着他的胳膊走路。如果他喝多了回家，我给他开门，一定会在门口先抱抱他，说"辛苦了"，他就会很感动。

夫妻之间，要通过牵手、拥抱、亲吻、抚摸，去表达爱。拥抱的时候，你的手也可以象征性地在他后背轻轻拍一拍、摸一摸，让他感觉到，他的心里会非常温暖。使用适当的肢体语言，你的柔弱感、示弱和撒娇的感觉立刻就出来了。

还要注意你的眼神。眼睛是心灵的窗户，如果你的眼神对男人尽是鄙视，会让他斗志全无。如果你想到他的优点，看他的眼神满是爱意和仰慕，他一定会感到温暖。

日常的行为动作，也可以慢一点。女人在辛苦操持家务时，可能需要动作快一些。但是，如果你在和你的伴侣相处，那么可以把速度稍微放慢一点。比如，你老公在家的时候，你洗一盘水果，或者热一杯牛奶，轻轻放在他旁边。还有，吃饭的时候，摆放盘子的动作稍微慢一点，因为盘子的声音如果太大，会让别人觉得很刺耳。

家中的技术活、体力活要让男人干

凡是家里的技术活、体力活，一定要想办法让男人干。只要不影响家庭生活，需要等待的时候要耐心地等，最后一定要让他干。比如，换灯泡、通下水道、修煤气、修空调，一定要等男人回来干。很多女人等不及就自己干了。你什么都干了，还对男人说："要你有什么用？什么事都是我自己干的，你什么都不行。"千万别这样打击他，要把技术活、体力活留给他干。他干完以后，一定要及时鼓励他。

比如，孩子的自行车坏了，在我们家楼下就有自行车店，我可以推到自行车店去修。但是，我让孩子的爸爸来修。他修完以后，我赞美他："这些东西对我来说太难了，我都没有思路，你居然把这么多零部件都装好了。家里真的离不开你。"我还会在孩子面前夸大地说："你看看，你爸爸是世界上最好的爸爸。"在我先生面前，我刻意问儿子："你爸爸为什么是世界上最好的爸爸？"儿子说："爸爸给我买衣服、买鞋子，给我洗澡，跟我下棋，给我修自行车……"

总之，要通过一系列的事情塑造男人的形象，让他觉得："我在这个家里是非常重要的，是有价值的，是被欣赏的。"只有男人觉得他在家里很重要，他才会多付出、多表现，尽力发挥自己的作用。

我们一定要通过这些日常的表现，通过各种表达方式，适当地示弱和撒娇，收回对方的心。如果你这样做了，你的生活一定会改变，婚姻质量也一定会提升。

学会人人都必需的非暴力沟通术

在婚姻中，不只是有甜蜜，偶尔还会有荆棘。女性只有懂得处理婚姻中的各种问题，才能拥有幸福的婚姻。

我为很多女性服务，我发现婚姻中的暴力冲突，绝大多数都源于非常小的事情。因为不会正确地沟通，这些小事会引发语言暴力、眼神暴力或是肢体暴力。如果学会非暴力沟通，不仅能减少冲突，还会增加夫妻间的亲密感和激情。因为对方的情绪被你看见了，他的心被你理解了，他会感到被尊重，而不是被误解。

暴力沟通的两种情况

男人的暴力沟通，往往会出现两种情况。

第一种，他可能看什么都不顺眼，然后唠唠叨叨，说这个、骂那个。此时，我们可能会瞬间被这个男人的情绪带着走。很多女人会一下子就觉得委屈、难受，控制不住自己。本来心情很好，却在这时把过去积压的委屈，瞬间发泄给男人："你干什么？谁惹你了？你怎么看什么都不顺眼？我容易吗？我不难过吗？""你骂谁？我哪里做得不对了？"双方的情绪都不好，家庭大战即刻爆发。

第二种，男人回到家后不吭声，一直冷着脸。这时，很多女人会受不了，就担心地问："老公，发生什么事了？是不是在单位有不开心的事？是不是哪里没做好？"女人带着担心表达她的爱，但是此时的男人不需要这种担心和关切，反而会更心烦意乱。他的表现可能是说："快到一边去，让我静一下，别烦我。"女人感到自己的好心换来了恶语相向，心里会受不了。

有的女人这时会以拯救者自居，说："老公，我告诉你，哪有不烦的事啊？谁都难受，我们身边的朋友个个都是这样的，把心态调整好就好了。你看我有时候压力大，就是这样调整的。"然后，迫不及待地跟老公讲一堆方法，让他觉得她很啰唆。

如果看到男人有负面情绪，我们**第一件要做的事是觉察，觉察到他情绪不好，很低落。第二件事是，要理解他的情绪，而非去评论、指责，或教他怎么做。**

情绪不好时给他空间

当男人在工作中遇到问题时，如果他的负面情绪没法很快排解，可能就会被带回家里。比如，有的男人可能回家后莫名其妙地看什么都不顺眼。他会指责妻子把家里的东西摆得乱七八糟，指责孩子只看电视，不写作业。他可能不是因为家里的事情发火，而是自己在外面的负面情绪没有排解好，带回了家里。

当男人情绪不好的时候，要给他空间。首先要学会共情，把他想说的话说出来，把他心里的难受用语言表达出来。比如："老公，看样子你心情不好。""老公，我感觉到你的情绪不是特别好，一定是谁惹你了。"如果他不说，就不要再去问他了，让他自己静一静。总之，不要过多评论，不要跟他的情绪发生碰撞。无论他做什么，都给他空间。

我先生情绪不好的时候，我一般就不说话，让他在阳台待上一两个小时。吃饭时，我叫他，他说："你们先吃，不要管我。"那我就真的不管他，自己正常吃饭、睡觉。他可能第二天就好了。

如果你能"看到"他的情绪，就是对他的一种尊重。把他的情绪说出来，就是一种关心和爱。有时候，静静地看着他，给他空间，也是对他的关心和爱。

避免因工作而产生冲突

最常见的就是男人喝酒这件事。我先生就是这样，偶尔会很晚才回来。有的女人认为男人在外面喝酒，就是享乐。但是我先生跟我说过很多次，他不愿意总是在外面喝酒，应酬喝酒的时候心里也不舒服，这些交际应酬，只是为了不被社会淘汰。他说："如果我不和这些朋友一起吃饭喝酒，他们就不会再找我玩了。"很多男人天生就有一种自卑和不安全感，他们只有不断地接触更优秀的人，才觉得自己不会被淘汰，觉得自己有一种社交货币，能去赚钱，能给家人带来更好的生活。很多女人不理解，觉得男人这么晚回家，一定是不顾家的。这种时刻，家庭大战一触即发。

比如，我先生凌晨三点才回家，他喝多了，心里一定很难受。如果我没学过心理学的课程，就会指责他："你能不能早一点回来？""你看看几点了，明天我还要上班，你这个时候回来，我都睡不好觉！"这种不耐烦的语气，男人的反应会是："那我不跟你一起睡了，我去客厅睡。"这样，两个人就开始分房睡了。分房睡是不利于夫妻感情的。床分了，心早晚也会分。不建议男女因为吵架而分床睡，可以一天、两天分床，千万不能长时间这样，这是我的经验。

非暴力沟通的四个步骤

接下来，分享非暴力沟通的方法，我们采取四步走的方式。

第一步，陈述"我看见"。比如，我先生回来晚了，我说："老公，你看凌晨三点了，我好心疼你。怎么又喝那么多酒，身体很难受吧？"关心他的身体，不带任何情绪，不带任何猜想或评论。他就会主动说："老婆，对不起。"

第二步，说出我的感受。我的感受不是愤怒。我说："老公，我感觉很伤心，你都没有陪我。虽然我很心疼你，但是我更希望你陪我，我有时候会感到孤独。"他就会了解我的感受。

第三步，表达一种期望。对他说："我知道你很难受，你的压力一定很大，你是想做更多的生意，赚更多的钱，然后来陪我和孩子。老公，你以后能不能早点回来，偶尔也陪陪我和孩子、陪陪父母？偶尔回家吃个饭，可不可以呀？"他会觉得自己的付出和难处被看见了。那么女人的期望，90%的男人都不会拒绝。

第一步，你说的是事实。第二步，你说的是你的感受，而不是抱怨。第三步，你是说你的期望，没有绑架和强制，而是觉得他很重要。这就是非暴力沟通。一定不要掉进情绪的陷阱里。

第四步，要给他肯定和鼓励。 比如，对他说："哇，老公你真是说到做到。说星期三陪我们，就星期三陪我们。"给他一个拥抱，然后接着夸，"太好了，你是世界上最好的老公。我要拍张照片在朋友圈炫耀一下。"再对孩子说："宝贝，你看看爸爸说话算话，爸爸是最好的爸爸，是妈妈最好的依赖，以后你也要做像爸爸这样的男人。"男人会受宠若惊。他会这样想："我情绪不好的时候，我老婆永远不会火上浇油，总是静静地给我空间。当我表现不好的时候，她也没有指责、辱骂我，而是想办法跟我一起解决问题，还能体谅我的不容易。每次我和家人在一块的时候，总是很温暖、很和谐，有一种天伦之乐。"他每每想到这些画面，就会把这个家当成一个温暖的、平静的港湾。

如果你按这些步骤做了，你们的家庭一定会越来越幸福。

如何让聊天有源源不断的话题

为什么夫妻间有聊天的话题很重要

在婚姻中，夫妻间要有源源不断的话颞。不要小看这些话题，它们非常重要，但这恰恰是很多家庭忽视的问题。一家心理研究机构通过相关依据，能判断一段婚姻是处在前期、中期还是末期。判断的主要依据，就是夫妻之间有没有源源不断的话题。如果一对夫妻聊天能聊几十分钟，聊的都是不太重要的话，一方讲，另一方在听，彼此还能不断接话，那这段婚姻大概率是没问题的。因为所有即将解体的婚姻，都是处于彼此不关注、不聊天的状态，会出现冷暴力、零互动，甚至对对方有挑剔和不满。

夫妻之间有话可聊非常重要。而且，要想找到话题和对方聊，还得有技术、有方法才行。否则，总是不说话，你突然间想说话，会不知道从哪儿讲起，还没聊天就变成了大型"社死"现象。

夫妻之间如果有源源不断的聊天内容，双方就会都有一种新鲜感，它是婚姻里非常好的保鲜剂。在聊天的过程中，对方有好的想法和好的经历，可以分享给你，每天都能给你带来不一样的东西，你也能够跟他分享你学到的课程和你在圈子里学到的东西，那双方都会对彼此有一种新鲜感。因为关注有新鲜感的事物，你就会觉得与你分享新鲜事物的伴侣具有新鲜感。有了新鲜感，你们才会没有芥蒂，对对方有更多关注、信任和尊重。聊天，是在一点一滴地积累感情。当婚姻出现问题和矛盾的时候，你们很快就能解决问题。因为对彼此太了解了，不会去猜忌、挑剔、攻击对方。婚姻中的情感账户至关重要。

接下来，我分享几个方法，让你找到源源不断的话题，让你的婚姻回归新鲜感，重新拥有激情。

聊天不需要仪式感、目的性

什么时间聊，什么地点聊，都不重要，因为闲聊就是随时随地可以聊，可以随心所欲地聊。只要你和对方的时间允许，就可以聊。还要注意，不要有了问题再聊。有问题的时候，聊天是在解决问题。它不是闲聊，是有目的性的。要多进行一些没有目的性的聊天。

抓住对方的兴趣

与伴侣聊天要抓住对方的兴趣点。男人和女人的关注点是不一样的，要用男人的思维跟他聊天。很多女人一见到男人，就从女性的角度找话题，对男人评头论足，谈论男人的皮肤、穿搭和家庭。男人对这些不感兴趣。你知道男人喜欢什么吗？男人喜欢军事、历史，喜欢运动，喜欢赚钱，喜欢房子和车。男人想问题很理性，注重结果。刚好这些内容是 95% 的女人都不关心的。

和男人聊天的时候，要注重男人的思维。比如，男人通常都喜欢车，哈雷摩托、奔驰、宝马，都是男人关注的焦点。我先生最喜欢的也是车。我对车一窍不通，但是会主动跟他聊车。他非常感兴趣，会告诉我各种车型的价位和性能，讲得清清楚楚。虽然我们大多数女人都不懂车，但是对待懂车的男人，可以引导他讲，我们适当地附和。有的女人说："说什么说？这个牌子的豪车你又买不起，跟你有什么关系？"这句话一说出口，男人可能从今以后再也不会跟你聊车了。

男人喜欢解决问题。比如，你感到有些累，告诉他，他就会说："你怎么那么累、那么辛苦啊？一定是有什么问题。告诉我，我来帮你解决。"当你有问题、需要关注的时候，男人会很关注解决方法，这是他们天然的兴趣点。你可以对他说："老公，这件事我给你讲一讲，你帮我分析分析，你来帮我解决。"男人一定会很主动地跟你聊天，帮你解决问题。

要通过跟你的伴侣聊天，更多地了解对方。要在心里建立一个他的兴趣地图，随时开启话题，都能在他的兴趣范围内，这能调动他的兴趣。也许你以前一个月只跟他聊三四次天，有了兴趣地图，你们能聊很多次。他一开口，你就能知道他要聊什么，那么你就能抓住他的心。

注重态度和技巧

在聊天的时候，你要注意倾听。哪怕是你不喜欢的话题，也不要流露出任何不悦的表情，要用眼神、动作与对方进行互动。就像我们前几节内容讲的，如何赞美，如何倾听，如何示弱和撒娇，运用这些沟通的技巧。要有同理心地去跟对方聊天，这样你们就会有源源不断的话题，才能使感情升温。

第 **8** 章

身为女性，
如何实现财富自由

———

如何成为一个能赚钱的女人

女性的幸福，不只要有亲密的关系、美好的婚姻，更要有努力赚钱的意识、独立自主的能力。

要有赚钱的意识

我相信很多人都想成为有钱人。在这里，我来分享如何成为一个会赚钱的女人。为什么要鼓励女人赚钱？因为社会的不确定性增强了。以前，女人是"嫁鸡随鸡，嫁狗随狗"，但是现在，大家都觉得女人"嫁谁都靠不住，只能靠自己"。我们不求男人来养，而是自己养自己。因为如果未来哪一天，男人和他的钱离我们而去了，我们要能够优雅地、有尊严地活下去。

所以，女人一定要赚钱。只有赚到钱了，你才有安全感。

分析没有钱的原因

想一想，为什么有些女人没有钱？我调查发现，有几个重要原因。

第一个原因，思维有问题。世界上有三种女人赚不到钱，一是笨，二是懒，三是自我 PUA。笨的人怎么教都学不会，只能做基础的工作。懒的人只是空想，却不想努力。还有一种人，PUA 自己，觉得"我不行""我不会""我不能"，自我否定。这三种人都没有赚钱的思维，而是抱着一种穷人思维。

第二个原因，不懂得理财。赚得少，花得多。一开心，就买几件贵的衣服，或者请朋友吃饭，把钱花光，从来不对生活做一些规划。正确的生活规划，是要把钱分为三部分：第一部分是生活所需，第二部分是应急资金，第三部分是投资。如果别人赚了钱会投资理财，而你不会，那么你赚到的钱就这样浪费了。

第三个原因，生病。有的人自己或者家人被病魔缠身，不但不能赚钱，还会花很多治病的钱。赚了钱也会不够花。

这些都是有些女人没有钱的原因。

找到赚钱的定位

如果家里没钱，那么想办法赚钱才是解决问题最好的方法。想赚钱，想使未来赚钱时不那么痛苦，能够在赚钱时刚好发挥自己的天赋，这里教你一个重要的方法：定位法。

什么是定位法？就是找到你最擅长的。兴趣是最好的老师。中国的很多体育健儿，只要得到一两块金牌，就离开赛场了，为什么？因为太痛苦了。竞技体育这个行业，虽然是他们擅长的，但他们根本就不喜欢，对他们的人生来说，满满都是痛苦。所以，我们首先要找到自己喜欢并擅长的事情。

你可以试一下，拿出一张纸，在上面画三个圈。

第一个圈上写"我喜欢"。喜欢往往是内在的一种动力。找到你喜欢的事情，未来你的人生才不会痛苦。写下你喜欢的事情，先不管你是否擅长。你喜欢吃饭，那你擅长做饭吗？不一定擅长。你喜欢画画，那你画得好吗？不一定。但是不管怎样，先把你喜欢的东西全部写出来。比如，写出二三十件你喜欢的事情，足够多，才能找到你的潜力。

第二个圈上写"我擅长"。比如，你擅长表达，说的还都是有用的话，就把它写出来。先不管你是不是喜欢，你擅长的事可能很快就能写出五六件。能有五六件就很不错了，有的人只能写出两到三件。

第三个圈上写"能赚钱"。有的事情你喜欢，又擅长，但是你喜欢又擅长的事情能赚钱吗？哪些事情能赚钱？先写出来，再想办法。

比如，你喜欢自己美美的，又擅长美甲，那么帮别人做美甲这件事能赚到钱，就可以把它写到第三个圈"能赚钱"里。又如，你喜欢讲话，又擅长讲话，那你能不能通过讲话去赚钱？我身边有很多女人，像宝妈或者刚毕业没多久的大学生，她们通过学习别人演讲，自己也成了讲师，赚到了钱。还有很多女人喜欢美食，又会做饭，就可以每天做一道自己喜欢的菜，上传到短视频平台上。有了粉丝之后，就可以卖与美食相关的产品来带货了。

许多人做了一辈子的工作可能是自己不喜欢的，也有可能是自己不擅长的，还有可能是不赚钱的。请你找到刚刚这三个圈之间的交集，这样你就能找到你喜欢的、擅长的、能赚钱的事情。你只要能为别人提供价值，为别人解决痛点，就能赚钱。这是人生最大的福报。具体能赚多少钱，取决于你的智慧和魄力。

找到赚钱的方法

定好位以后，无非就是怎么赚钱的问题了。大多数人都要给别人打工。我非常不建议一开始就创业。这个世界上花钱最快的途径不是消费，而是投资。有的人总想实现老板梦，随便搞一个奶茶店、美甲店、快餐店，找几个人做短视频宣传，却不会经营。我见过太多人投资失败了。我就做过三四个行业，前前后后赔了100万元。我建议用6～10年的时间给别人打工，把整个路径打通以后，再自己创业，自己给自己打工。

找到赚钱的行业

我之前做了那么多行业，发现做来做去都不如我原来的行业好。之后谁找我合伙投资，我都不做了，只做自己擅长的事情，而不是那些头脑一热就喜欢的事。我喜欢的东西很多，但不见得擅长，我既喜欢又擅长的就是教育行业。这个行业的路径我跑通了，发现这个赛道特别好，也能赚到钱。现在，我们公司有1400多人，我的团队有100多人。发展得好了，我就加大投入，招聘新人，用最好的人建立一个平台。我们进行价值交换，我给他们发工资，他们用学识、经验和能力为我做事。

现在这个时代，发展很好的就是短视频加直播，可以尝试一下。可以利用空闲的时间去做，如果你有能力，也能赚到很多钱。还有其他行业，如果你身边有亲戚或朋友带你，可以考虑去做。或者是在一家公司待久了，公司发展得好，那你可以考虑入股，一起把行业做好。不管用哪种方式，万变不离其宗，就是要给别人创造价值。很多人失败，都是"我以为我喜欢别人，他也会喜欢我"的错误认知造成的。即便别人喜欢你，你却没有给别人解决痛点，那他为什么要在你这里花钱呢？要把你的产品价值搞清楚。

越努力的女人越幸运

赚钱要找到你的定位、方法和行业，如果以上这些你都找到了，那么按下来，不要忘记一件事情，就是努力和坚持。赚钱的路上不会一帆风顺，总会有坎坷和痛苦，你只能一路向前，勇敢面对。因为一旦停下来，你会受不了。人往往只能接受越来越好的局面，很难接受走下坡路。所以，如果你想有更大的空间、更好的机会，必须努力，必须坚持。相信你一定会越努力越幸运。

如何实现财富自由

很多女性最关注的是如何实现财富自由。成年人的世界，没有钱是不行的。钱可以买来健康吗？可能在突发情况下无法拯救一个人的生命，但是一般情况下钱可以延长寿命。钱可以买来时间吗？可以，你可以雇 100 多个人为你工作。钱可以买来开心吗？可以。有钱你可以去旅游，吃好吃的，穿好看的衣服。如果你老公对你冷暴力，你有钱的话，你的底气会更足。

如何创造更多的财富

女人如何才能创造更多的财富？请注意以下三点。

第一，要让收入大于支出。如果你一个月赚 5000 元钱，花了 5000 元，还剩 0 元，收入与支出相抵，就永远也买不了房子，开不了豪车。

第二，要创造财富。不断赚钱才是最重要的，节省是第二位的。你一个月赚 4000 元，再怎么节省，不吃不喝，也是 4000 元钱。只有赚到更多的钱，你才能财富自由。

第三，如何赚到钱？我们要先舍后得。想赚钱，你必须满足别人的需求。要付出你的时间，要签更多的订单，创造更多的价值，你的老板才会给你发更高的工资。我在公司开股东会的时候，都跟我的老板说，"我的目标是多给股东赚钱，少给股东惹事"。我做任何事情，从来不跟老板要求什么名利，但因为业绩突出，我是我们全公司第一个与公司共同成立新公司的人。也许我的工资是一年 30 万元，但是到年底如果做得很好，老板给我一个平台，我就可以赚 300 万元。如果你不能帮用户满足需求，用户是不会买单的。永远要记住，要想创造更多的财富，就要学会服务更多人，满足更多人的需求，创造更多的价值。

财富量级的四个阶段

人生的财富量级有四个阶段。

第一个阶段，为他人做，先通过给别人打工创造财富。如果你没有行业经验，就不要盲目去创业。先到别人的平台上，为别人打工。做到了 1 万小时之后，你真正懂了这个行业，知道客户怎么开发、公司怎么运营了，再考虑自己做。

第二个阶段，为自己做，成为一个自由职业者。虽然有可能亏损，但是你可以为自己打工，有可能一年会赚 100 万元，赚的都是你自己的。富人往往敢于承担风险，他拥有的财富是对他承担风险的奖赏，他有资格获得更多财富。如果你一辈子都在打工，赚不到很多钱，那是因为你永远不敢承担风险。

第三个阶段，如果你想赚更多的钱，就必须冒更大的风险。

这时，你已经是小老板了，你可以扩大生产，租更大的场地，招聘更多的员工，让更多的人为你工作。要想赚到更多的钱，你就要买更多人的时间，利用更多的脑力资源。我本人不懂技术、不会设计，更不会剪辑，但是我愿意花更多的钱，让更多有能力的小伙伴来到我身边，为我做事。只有舍得花更多的钱，请更多的人为你做事情，你才能赚更多的钱。

第四个阶段，你不但成老板了，还开始投钱到别人的公司，用资源支持更多人创造价值。人生最高级的阶段，就是让钱为你工作。你已经是个投资家了，用你的思维帮助这家公司，用技术帮助那家公司，赋能更多企业，你就能赚到更多的钱。

以上这四个阶段，看看你现在处在哪个阶段。你想到哪个阶段，就要付出与那个阶段相应的努力。

实现财富自由的三点建议

要想实现财富自由，请留意以下三点建议。

第一点，如果你想长期获得财富，就要做你擅长并喜欢的事情，你最擅长的事情往往可以帮你赚到钱。如果你不擅长，还要去做，那你可能会做得很痛苦。比如，一个人明明是搞技术的，他觉得技术赚不到钱，想做业务，但是他有社交恐惧症，那么他做业务不会做得很好，也许赚的永远只是一个基层员工的钱。那么，还不如做自己擅长的事情。

很多男企业家，40岁后很痛苦，因为他们做的事情不是自己喜欢的。比如，有一个企业家，虽然他的工厂一年能给他赚四五百万元，但他很讨厌在工厂里工作，连他的孩子也不愿意接班。如果你在做自己喜欢又能赚到钱的事情，你就能让你的财富长久地保持增值。我很幸运，有一份我喜欢又擅长的工作——教育培训，所以我很惜福。我每天直播好几个小时，为什么不觉得累呢？因为我喜欢这项工作，它既能赚到钱，又能帮助很多女性，它是我一生的福报。所以，选择一份赚钱的工作时，你要精挑细选，谨慎为之。

第二点，如果想长久地赚到钱，不要有投机倒把和一夜暴富的幻想。投资什么都不如投资自己。如果你有 100 万元以下的存款，没有经验，没有团队，对一些行业不了解，就不要买很多基金和股票。什么都不要做，就把它放在银行存为定期存款。定期存款的利息少，但是你不亏钱就是在赚钱。哪怕你手里有 300 万元、500 万元的存款，如果你没有经验，也不要胡乱投资基金和股票。

第三点，我们要不断学习，争取得到高人点悟和贵人相助。要和那些赚到钱的人、幸福的人交朋友。要不断地提升自己的赚钱能力，不断地工作，增加你的收入，减少你的支出，更要减少失败的投资。

如果你能成为一名管理者，管理许多人，那么你的收入一定会高于许多人。如果你有孩子，你一定想让他成为富有的人。不论是走你自己的财富自由之路，还是将来提升孩子的财商，都要记住我这几点关于积累财富的建议。望你早日实现财富自由。

如何找到通往成功的最佳路径

高智商的人未必更成功

很多女性都希望自己有所成就，能够找到通往成功的最佳路径。如果你觉得自己的智商很高，认为自己这么聪明，一定能够成功，那你就错了。

著名学者路易斯·塔曼和詹姆斯·琼斯从 20 世纪 60 年代开始，对 200 名高中生进行了长达 30 年的追踪研究，以探究智力和成功之间的关系。他们的调查结果显示，高智商的学生未必比其他人更成功。在职场方面，智商水平和薪水之间的关系并不是很紧密。而在个人生活方面，高智商的学生在婚姻和家庭生活中也并没有显著优势。此外，高智商的学生在社交技能方面并没有表现得比其他学生更好。

成功者的四个核心素质

不论你的智商如何，都有机会获得成功。要想成功地突破自己，需要有勇气、有梦想，还要找到成功的路径。成功者有四个核心素质。

第一个核心素质，自律与坚持。只有做到绝对自律，才能拥有绝对自由。人的成功都缘于自律与坚持。你在休息的时候，别人在努力工作、洽谈客户，在学习新知识、新技能。早上 6 点的飞机上有多少人，你知道吗？很多人选择这个时候飞行出差，因为这个时候的机票最便宜。短视频平台上，凌晨三四点的时候，依然有人在直播。为了成功，他们都在不懈努力。成功需要自律与坚持，但是不代表自律与坚持就会成功，因为它是必要条件，但不是充分条件。

第二个核心素质，不断地学习，提升认知。因为人无法赚到自己认知以外的钱，也无法得到认知以外的幸福。为什么那么多人已经很成功了，还要花时间、花钱去学习各种知识？因为他们要提升认知，让自己更加睿智、明理。思维不变原地转，思维一变天地宽。

第三个核心素质，打开心智模式。如果你的心智模式不健全、不完善，你就很难突破。如果你刚刚有一点突破，遇到别人指责你、老公笑话你、婆婆打压你，你就做不了了，那么你一定没有一个宏伟的梦想，只有脆弱的心灵，这样你永远无法逆袭。你要有成熟的心智模式，对自己所做的事有坚定的信心。

第四个核心素质，也是最重要的一点，就是懂得整合社会资源。为什么有的聪明人不能成功？因为他不懂得整合社会资源。有很多企业家没有很好的学历、语言表达能力很一般，却很成功。他可能高中毕业，他的员工却有很多博士，他甚至能够招聘到全球顶尖的科学家和专业人士，因为他会整合资源。

在传统文化中，有关社会资源整合，最典型的问题就是，刘备为什么会成功？因为他善于用人，桃源三结义和三顾茅庐一直被人们传为佳话。张飞、关羽比他能打，诸葛亮比他有智慧，为什么这些能人会忠于刘备？因为刘备能整合资源，并尊重和发挥每个人的优点。老板就是要做三件事——找人、找钱、找资源。找人才为他干活，找人脉给他介绍关系；找钱，融到资才能投资更多的项目；找资源，就是找能够让他成事的条件。做好这三点是一个老板成功的关键。

走向卓越的两大核心要素

一个女人要怎样逆袭？员工干活靠能力，领导干活靠能人。所以，如果一个女人想逆袭的话，一定要有能力，还要付出加倍的努力。当我们什么都没有的时候，唯一能做的就是坚持不懈地努力，每天比前一天进步一点点。

一个人穿越平庸走向卓越，要具备两大要素。

第一，管理自己。管理自己的情绪、心智模式，让自己足够自律，不断地学习，提升自我的认知。

第二，要学会管理他人、团队、社会资源，让更多人为你做事情，服务更多的客户。

做好这些，你就成功了。你已经从平庸走向了卓越。

如何进行谈判管理

在工作中，我们经常会遇到需要谈判的场景。当你去应聘一项工作时，有可能要与老板谈薪酬。如果你有一个产品要卖给客户，需要谈判产品销售的价格等细节。如果你想拿到高工资，你要学会塑造自己的价值。要想把产品卖出高价格，需要讲好产品故事。如果想让合作方配合自己，也要能满足对方的需求。谈判的目的是双赢。如果谈判时只有一方赢，那么谈判算不上真正的成功。

了解对方和自己想要什么

如果想在谈判中达到目的，掌握主动权，首先要知道对方想要什么。你想找一份高薪的工作，先问对方想要什么样的人。此外，你还要知道对方的痛点是什么。比如，对方想要做销售的员工，他的痛点是什么？是怕你没有业绩。你知道以后，要说你做了哪些销售工作，有什么抗压能力，有什么优势，还可以说"如果做不好的话，我可以自愿离职"，等等。你把对方的顾虑打消，他就会录用你。

然后，你要知道自己想要的是什么，以及你的底线是什么。否则，你满足了对方，却不能满足自己。比如，这项工作需要经常加班。也许你没有家庭负担，可以为了钱加班。但也有的人接受不了，因为要回家带孩子。想清楚了，你想要的是钱、健康、孩子，还是这份工作。把这些想明白了，你跟别人谈判时就可以讲得很清楚，就能把条件谈好。

优先塑造自己的价值

具体如何谈判呢？要先塑造自己的价值，说清楚你能给对方带来什么。比如，我如果跟别人谈合作，会谈我在博商工作了16年，做了哪些教育培训，以及我目前是一家公司的创始人之一，占了近50%的股份。我找老师谈合作，谈判成功率达到了95%。所以，要塑造自己的价值。如果别人的价值很大，而你的价值很小，那么你们双方就不能够平等地谈判。你没有谈判权，只有遵守权。

谈判的时候不要低调，要高调地"亮剑"。你的饼要画得跟对方一样大，甚至比对方还大，否则你是没法谈判成功的。对方要什么，你能给他，你才能在谈判中获得主动权。比如，我要跟别人谈卖服装，品质有保证，要对他说："如果我的衣服刮丝了、掉色了，你可以过来找我。你放心，我的衣服绝对好看，绝对大卖。"总之，要把产品的优势表达出来，才能卖出去。

女性如何成为管理者

成为管理者的四个注意事项

很多优秀的女性希望在职场上发挥自己的能力，成为一名管理者。领导干活用能人，员工干活用能力。如果你想成为领导，就要学会用能人，但是你自己首先要是一个能人，否则不会被提拔为领导。观察一个领导，看他用什么样的人做事，你就知道这个领导能做成什么事。如果领导身边是一帮拍马屁的人，那么他什么事都做不成。如果你想成为一名管理者，请参考以下四个注意事项。

第一，要读懂制定游戏规则者的心态。如果你在公司是一个基层员工，就要懂得你领导的心理。否则，领导为什么要提拔你？机会是抢出来的，幸福是经营出来的，事业是打拼出来的。如果你的领导需要业绩，你就做业绩；如果你的领导需要安全感，你就不断地给他安全感；如果有人顶撞了你的领导，你要立刻站起来回击。否则，你永远也成不了一名管理者。

第二，要记住一句话，"所有的领导都不傻"。你要给公司创造突出的业绩，创造更高的价值，领导才会提拔你做管理者。很多员工不解："为什么让别人升职，不让我升职？"领导不傻，一定是那个人比你创造的价值更多，更能让领导开心。

第三，群众基础要牢。如果你和身边的人搞不好关系，你的领导一提拔你上来，下面的人都不听你的话，最后你做不成事，还要领导帮你善后，这样你是做不了管理者的。你一定要有高情商，有空请身边的同事吃个饭，向他们学习。这样当被问起你这个人怎么样时，他们都能为你说句好话。

最后一点，要对管理者有敬畏之心。不要因为你的业绩好，就功高震主。我弟弟的一个女上司，是中层管理者，一年可以做5000万元的业绩。但她经常跟老板拍桌子，这样做就很不好。老板离不开她，是因为她业绩好，在忍耐她。如果哪一天有人比她的业绩还要好，老板就会把资源给别人，把她一脚踢开。伴君如伴虎，不要觉得老板离不开你。也许老板当下离不开你，在他能离开你的时候，一定会放弃你。要有敬畏之心，要尊重领导，不要以为自己多了不起，公司没有你就活不了。

轻松管理团队的六个建议

成为管理者后怎么办？要能够做领导想不到的事情，你才会有更好的机会。管理好自己，整合资源，做好能做的事情，还要积极帮助更多的人。把自己的事情做好是本职工作，能做好更多帮助别人的事，才有大的格局。不要觉得你当了管理者，就不得了了。现在的员工和过去不一样，他们随时随地会不服你，也可以炒你的鱿鱼。

要学会管理他人，在人格上影响他人。如果你有一群团队成员，你要学会帮助他们，真心为他们好，多跟他们谈心，赋能你的同事。不然，你的下属会觉得你不是一个好领导。时间长了，下属不服你，也不会给你好脸色。所以，你要尽力协助他们做更多的事。你要提升自己的能力，一定在某些能力上比下属强，他们才能服你。还要在机制上激励和约束他人，激发他人的动力。

如果你想轻松管理团队，就要做到我下面总结出的六点，它们来自我 16 年的管理经验。

第一，管理机制上的牵引。如果你想带好一个团队，就要设计一个好的制度，让很多人觉得跟着你能赚到钱。

第二，团队体制的搭建。如果你想轻松地管理团队，身边就要有几个能手，要找一些能人帮助你。你要愿意吸引人才，不要嫉妒你身边的人。有一些人比你做得好，要将他们为你所用。我身边有一种很傻的人，员工做得好，比他强了，或者比他赚得多了，他就嫉妒员工。作为老板，可能没有员工赚得多，但没关系，他也没有员工那么辛苦，他得到了轻松。所以，不要嫉妒员工。凡是有能力的人，就让他为你所用。

第三，人员能力的培养。如果你想轻松带团队，选人很重要。人的潜力很重要。你想让一条鱼去爬树，它永远只能是一条很蠢的鱼；你想让一只猴子去游泳，它永远是一只很笨的猴子。如果你想让别人帮你做事，要先选人，再培养人，之后想办法留住他。

第四，团队文化的熏陶。你是什么样的人，你的团队就是什么样的，团队的文化就是老板的文化。我的文化是什么？我希望我的同事身心健康，我们每周一要读《道德经》，练八段锦。此外，我是一个很愿意分享利益的人，我的同事如果很优秀，我愿意给他好的回报。我们的团队文化是，让每个人有发挥的空间，给大家实际的激励。

第五，要以身作则。我身边的很多企业家，一有钱了就花天酒地，不再上进。员工会觉得有这样的老板，公司早晚有一天会倒闭。管理者最低成本的管理方法就是以身作则，如果你很努力，每天很早去上班，不用你说话，来晚的同事自己就会觉得羞愧。以身作则，带领员工打胜仗，才是合格的管理者。

第六，要善于管理时间。作为一个管理者，你不要整天低头干活，请把你 80% 的时间放在能够创造价值的事情上，而不是把一些琐事做得比员工还好。你是一个管理者，要让每个员工都能做得很好，这才是你的目的。要把 70% 的时间用在培养人才、找好的项目、找更大的客户等事情上。你的时间不是要自己做事，而是要赋能他人，帮助更多人做事。

如何"向上管理"获取更多支持

当你是一个中层骨干时，如何"向上管理"你的上司？如何让上司给你更多的资源支持呢？穷人靠能力，富人靠资源，能力弱的人靠自己，能力强的人靠更多的资源支持自己。一个管理者，如果能够"管理"好上司，是非常厉害的。如果上司给你很多资源，你就会非常轻松。

不能让领导亲手为你做事，只能让领导给你资源，你来做事。如果你总是找领导，什么事都让他帮你，那他还要你干什么？你只能请领导给你资源上的支持。比如，你拿到一个大客户的资源，需要领导给你资源，给客户送礼或者请客户吃饭，又或者需要领导在关键时刻帮你接待一下，这都是可以的。

理解并确认上司对你的期望，确保执行不错位，结果没偏差。很多人会觉得："我以为我做好了，你为什么看不到我？你为什么总是不认可我呢？"领导不认可，也许是因为你做的事情都不是他想要的。比如，领导让你培养员工，你却只顾着自己做出许多业绩，这样当然无法得到领导的认可。所以，要经常询问领导，问他需要你做什么。很多人不被提拔，就是因为不知道领导想让他们干什么，永远处在猜测的状态。

搞清楚做成一件事的重要条件有哪些。哪个是自己没有的，团队不能创造的？哪个是需要领导支援，领导又能做到的？如果领导认识你需要攻下的大客户，就请领导把他的微信推给你，或者请领导帮你打个电话约见他。如果有一件重要的事，你自己做不到，团队也不能做，只有领导能做到，那你就要敢于提要求，敢于争取资源。

最后，要定期给领导汇报工作，让领导有安全感。这样，当你向领导提出资源支持的时候，才能有理有据。领导让你做一件事，三个月都不见你回馈，那就麻烦了。领导会想："这个家伙到底在干什么？在出差吗？在家玩吗？"你该怎么办？定期汇报。经常汇报一下你最近在干什么。如果工作顺利完成了，一定不要忘了领导的支持。要感谢领导，确保领导有好的感受，领导才会给你更多的资源。